U0181225

智能、互联，赋能产业新发展

第二十一届中国国际工业博览会论坛演讲辑选（2019）

中国国际工业博览会组委会论坛部 编

上海远东出版社

图书在版编目(CIP)数据

智能、互联，赋能产业新发展：第二十一届中国国
际工业博览会论坛演讲辑选.2019 / 中国国际工业博览
会组委会论坛部编. —上海：上海远东出版社，2020
　　ISBN 978-7-5476-1605-5

　　Ⅰ.①智… Ⅱ.①中… Ⅲ.①工业技术—国际学术会
议—文集 Ⅳ.①T-53

　　中国版本图书馆 CIP 数据核字(2020)第 099146 号

责任编辑　李　敏
封面设计　李　廉

智能、互联，赋能产业新发展

第二十一届中国国际工业博览会论坛演讲辑选(2019)

中国国际工业博览会组委会论坛部　编

出　　版　**上海远东出版社**
　　　　　　(200235　中国上海市钦州南路 81 号)
发　　行　上海人民出版社发行中心
印　　刷　上海信老印刷厂
开　　本　787×1092　　1/16
印　　张　16.25
字　　数　250,000
版　　次　2020 年 9 月第 1 版
印　　次　2020 年 9 月第 1 次印刷
ISBN 978-7-5476-1605-5 / T·112
定　　价　88.00 元

编辑委员会

主编

周国平

副主编

陈群民　高　瑛

编委

（按姓氏笔画排序）

王金德　吕　朋　乔雪华
江海苗　李　敏　姚春瑜
倪颖越　奚勤峰　黄　鹏
葛朝晖

前　言

中国国际工业博览会论坛(简称"工博会论坛")作为 2019 年第 21 届中国国际工业博览会的重要组成部分,在各方的共同努力下,已圆满结束。

本届工博会论坛紧扣"智能、互联——赋能产业新发展"最新主题,分部市论坛、发展论坛、科技论坛、行业与企业论坛四大板块,共举办 52 场论坛及专题活动。其中,部市论坛作为与国家相关部委合作举办的高层次论坛,邀请国内外顶级专家学者、企业高管,聚焦前沿领域,探讨如何共同应对全球重大挑战,促进可持续发展;发展论坛着力打造以工博会专业展为基础、以制造业发展为重点的专业品牌论坛;科技论坛秉承高层次、综合性、学科交叉的特点,以"院士圆桌会议"为核心,同时举办 10 余场专题学术交流活动;行业与企业论坛与工博会现场展示紧密结合,围绕新产品、新技术发布,交流研讨产业发展前沿趋势,并与专业展商、观众深度互动。

本届工博会论坛亮点:

(一)服务国家战略,助推工业发展。2019 年正值新中国成立 70 周年重要时间节点,70 年来我国工业发展取得了举世瞩目的成就。论坛在选题选择、内容筹备等方面都充分聚焦和服务国家战略。如院士圆桌会议,院士们围绕"科技创新强国与集成电路发展"开展讨论,并提出建设性意见和建议;创新与新兴产业发展国际会议,嘉宾们就具有颠覆性的新兴产业发展方向和政策等方面进行开放式交流,为上海建设全球有影响力的科技创新中心建言献策。

(二)聚焦前沿动态,把脉未来方向。各论坛的主题聚焦工业制造业领域的最前沿热点话题,契合"智能、互联,赋能产业新发展"的主题,邀请专家学者开展深度对话交流,研判未来发展方向,共同探讨努力举措。如新一代智能制造、新材料、数字创意等行业领域新技术在不断地酝酿和突破，有嘉宾提出，未来人工智能将加快人机融合，在众多领域带来颠覆性影响。

（三）国内外人士云集，分享行业先进理念。各论坛邀请的主讲嘉宾都是各领域资深专家和权威人士，有来自 500 强企业的高管，有国内外行业领域领先企业及行业协会代表，还有政府一线监管部门专业人员。他们围绕行业前沿热点话题，分享全球最先进经验，交流最前卫思想。

为更好地整理论坛嘉宾的演讲内容和重要观点，论坛举办期间，上海市人民政府发展研究中心组织相关处室研究人员，赴重要论坛活动现场倾听嘉宾演讲，收集会议速记稿和资料，对论坛嘉宾的演讲内容作核心观点的梳理和提炼，在此一并收录。

本书是工博会论坛演讲辑选系列的第十本，生动再现了第 21 届论坛现场交流盛况，翔实记录了主要嘉宾精彩演讲内容及核心观点。我们希望本书的出版能够对工业相关领域研究人员、技术人员及广大管理者有所裨益，同时希望有助于充分展示中国制造、上海制造品牌效应，更好地促进和服务中国制造高质量发展。

目　录

行业与企业论坛

数字化转型赋能高质量发展——工业互联网＋全面质量管理

部市合作论坛

科技创新引领新兴产业发展
——创新与新兴产业发展

推动工程科技创新,引领新兴产业发展

中国工程院院长　李晓红

今天,我想谈一些我对新兴科技与新兴产业发展的认识。

在进入主题前,有一句话是非常重要的,这也是习近平总书记讲的,"工程造福人类,科技引领未来",他强调"工程科技是改变世界的重要力量,是推动人类进步的发动机,是产业革命、经济发展、社会进步的有力杠杆"。所以,围绕"工程造福人类,科技引领未来",我想谈三点内容:一、介绍一下中国工程科技的发展;二、谈谈对工程创新引领新兴产业发展的认识;三、对未来的展望。

一、中国工程科技发展成绩斐然

我认为,中国工程科技发展成绩斐然。近年来中国在载人航天、探月工程、蛟龙深潜、港珠澳大桥、高速铁路、特高压输送、高性能计算机、北斗导航

系统、新时代互联网、重大疾病防治和国防方面,成就了一系列高科技含量的国之重器和重大工程,可谓"上天入地,通江达海",彰显了中国工程技术的巨大进步。其中凝聚了中国工程院院士和众多科学家的心血与汗水。

1. 航天技术方面。中国的航天技术可以说已步入国际先进行列,为人类太空探索做出了中国贡献。嫦娥 4 号探测器在人类历史上首次实现了在月球背面软着陆和巡视勘察,首次实现了月球背面和地球的中继通信,并和多个国家以及组织展开了具有重大意义的国际合作。

2. 交通运输方面。中国的高铁技术发展是迅速的,虽不能说完全达到世界先进水平,但是已接近世界先进水平,部分达到了世界先进水平。比如上海到北京的"复兴号"中国标准动车组,达到了 350 公里运营时速,实现了不同车型间的互联互通,整车通过了 60 万公里运行、设计寿命 30 年的考核;2019 年,时速 600 公里的高速磁浮试验样车在青岛下线,标志着中国在高速磁浮交通技术领域的自主创新实现了重大进展。通过这些成就中国为世界高铁标准体系建设做出了示范,也为全世界高铁商业运营速度提升做出了成功探索。

3. 大型复杂结构设计与建造施工关键技术方面。港珠澳大桥是目前世界上总体跨度最长、钢结构桥体最长、海底沉管隧道最长的跨海大桥,也是世界唯一的深埋隧道。作为一个开创性的工程,港珠澳大桥破多项世界纪录,为世界大型复杂结构工程设计和建造实施树立了典范。当然,我们也借鉴了众多国外的先进技术,比如德国的管道深埋技术。

4. 粮食方面。超级杂交水稻实现了超高产,为全球粮食安全提供了保障。中国的超级杂交水稻平均亩产达到了 1 152.3 公斤。刷新了水稻较大面积种植的产量世界纪录,为全球粮食安全保障贡献了力量,对解决未来世界性的饥饿问题具有重要意义。现在"杂交水稻之父"中国工程院院士袁隆平正进一步试验在盐碱地甚至是海滩上种植杂交水稻,并且初步获得了成功。

5. 医药方面。药物创新体系加速发展,为人类健康事业贡献力量。如青蒿素的发明,为人类带来了一种全新结构的抗疟新药,解决了长期困扰科学家的抗疟治疗失效难题,标志着人类抗疟事业步入新纪元。以青蒿素类药物为基础的联合用药疗法（ACT）是最佳治疗方法，挽救了全球特别是发展中国家数百万人的生命，为中医药科技创新和人类健康事业做出了重要贡献。

中国在这五个方面的表现非常令人欣慰。可以说中国工程科技取得了辉煌成就，是广大科技工作者在党和国家正确领导下披荆斩棘、锐意进取的结果，也是院士们在科学前沿孜孜求索，在重大科技领域不断取得新突破的生动实践。这是工程科技在中国的一些成绩。

二、工程科技创新引领新兴产业的发展

当前，新一轮工程革命和产业变革同人类社会发展形成了历史性的交汇，新发现、新技术、新产品、新材料更新换代的速度越来越快，工程科技创新成果层出不穷。工程科技的重大突破能引发新的产业革命，随之带来社会变革，将为世界经济注入新活力，给人类发展带来新机遇，成为推动人类社会发展的重要引擎。很多院士的研究聚焦在两个方面，一是关键共性技术，二是颠覆性技术，我们认为这两个方面对引领新兴产业发展起着至关重要的作用。下面我将围绕这两个技术谈一些自己的看法。

从 20 世纪 90 年代中后期起，各个国家、社会组织与企业就开始进行技术预见，通过评估，筛选出最值得关注的技术，从而鼓励企业投身到新兴产业的发展当中去。从这些技术预见的结果中，我们可以发现，关键共性技术和颠覆性技术扮演着重要的角色。

1. 关键共性技术

技术预见研究认为，当前"大数据及先进计算、先进制造与材料、节能减排与清洁生产、健康与安全"等四大类、二十四项关键共性技术，正在深刻改变世界，引领新兴产业的发展，为世界经济注入新活力。包括工业大数据、交通大数据、生物医学大数据、高精度时间管理等技术。

一是大数据与先进计算技术。这已经成为时代创新的基础，是未来经济社会发展中最广泛的一种共性技术，它引领着世界的经济、政治、科技、社会各个领域产生革命性的变化，并面向工业生产、空间信息、综合交通以及生物医学等领域不断推广，推动了各领域和行业的创新变革，催生并引领新

兴产业的发展。

二是先进制造业材料。制造离不开材料,先进制造和材料技术正重塑生产方式,促发社会生产力深刻变革。并且,生产制造与材料本身也在发生变化,它们与数字化、网络化、智能化、个性化等形态连在一起,确立了一种新的形态。

三是节能减排与清洁生产技术。这也是共性技术。要节能减排必须要有清洁生产技术,节能减排与清洁生产技术正在改变人类发展方式,促进工业文明与生态文明和谐共融。当前,源头节能减排、无害化清洁处理和资源再生利用等关键共性技术的发展进步,正大力支撑工业领域清洁生产、绿色化升级改造,有效应对环境污染、能源紧缺、生态恶化等挑战,促进工业文明与生态文明和谐共融,改变人类发展方式,开拓广阔的绿色经济、循环经济空间。

四是人的健康与安全领域共性技术。这里的安全包括人类生命健康安全、粮食安全等。健康与安全共性技术正有力地应对人类生存挑战,开创美好生活。当前,以绿色低碳、精准集约、安全健康为特征,以人类可持续发展和健康生活为主题的技术集群正逐步兴起,有力地应对生命健康、粮食安全、水安全以及城市安全等人类生存挑战,保障人类美好生活,逐步塑造绿色经济与生物经济新业态。

2. 颠覆性技术

基于讨论研究,我们认为有六大类、二十六项颠覆性技术正在重塑世界格局,创造人类未来,孕育新兴产业。这些技术包括人工智能与量子信息、新型纳米材料、增材制造技术、3D打印技术、先进能源技术、基因工程与生物新材料、城镇化与基础设施安全。我们把城镇化与基础设施安全也纳入了颠覆性技术,可能这在一些国家不存在,但是在中国是存在的。六大类和关键性技术也有交叉,比如说人工智能与量子信息都需要认知计算以及基于脑科学的机器人、新型纳米材料等。这里我不做一一列举,我将六个部分概括为四大类。

一是类人、类脑人工智能将加快人机融合,在众多领域带来颠覆性的影响。类人、类脑人工智能是当前研发热点,脑科学与脑认知原理将使机器具有深度感知、自主学习、自主完成复杂操作任务等"类人"能力,将实现机器人与人、多机器人间的顺畅交互,自主完成技能学习、智能决策。机器逐步替代人类在社会生产生活中的部分角色,将给人类生产生活、社会发展带来颠覆性影响,也孕育无限发展潜力。中国科技部最近列了一个重大专项,专门研究这个领域的一些科学和技术问题。

二是量子信息技术。量子信息技术未来将带来信息技术的根本变革,具有不可估量的发展空间。量子信息技术也是现在世界上最引人注目的领域之一。由中国科技大学潘建伟副校长领衔的一个量子信息技术团队,部分研究成果站在世界科技的前沿。有人说,量子信息技术可以动摇和改变现行信息技术体系的基础性地位,并且对其架构上的计算机通讯等产业产生革命性影响,带来巨大的挑战与机遇。但能否完全取代现行信息技术,对此我持保留意见。

三是基于合成生物学的人工生物系统。它有望颠覆医学领域诸多传统技术,发展前景巨大。对人类器官移植、人造生物反应器、人体功能修复以及辅助治疗都有很大的帮助。

四是先进能源技术。现在化石能源使用比例很大,特别是在中国,煤炭在能源消耗构成中占到了 60%～70%。先进能源技术正在推动世界能源生产和消费的重大变革,给人类生产生活带来巨大影响。页岩油、深水油气等非常规化石能源开发技术成为热点,生物质能源、氢能等新能源在世界能源革命中发挥重要的能源替代作用。航空航天领域已经开始探索核能利用、太阳能电池等新型能源技术。先进能源技术及综合能源系统的发展,是重塑能源体系,构建绿色低碳、智能、网络化的全新能源体系的关键。

三、未来展望

习近平总书记有句话讲得非常好:"核心技术脱离了它的产业链、价值链、生态系统,上下游不衔接,就可能白忙活一场。"这完全是站在科学家的角度提出的一个观点。中国工程科技面向中长期的技术也开展了一些研究,我们动员了数百位工程科技专家,将技术预见、需求分析、经济预测与工程科技发展趋势研究紧密联系在一起,从工程科技角度提出了新兴产业发展的六个愿景。新兴产业研究最权威的人士之一，就是邬贺铨院士。

这六个愿景包括，信息产业：万物互联、智能泛在；生物医药产业：让人类生活更加健康；先进制造业：更加洁净循环、智能柔性；能源产业：低碳、智能、网络化；蓝色产业：广域共融、深度集约；绿色产业：推动人与自然的和谐共生。下面分别介绍一下。

1. 信息产业：万物互联、智能泛在。未来，人类在电子信息领域的创新高度、广度、深度是目前很难预料的。比如说我们的手机以前只能存 100 条信息，后来 500 条、1 000 条。现在多少条？随着 3G、4G、5G 的发展，这些都是很难预料的。量子信息技术究竟可以起到多大的作用，也是难以估量的。关于 5G，我们已经重点规划了北京、上海、广州、宁波、苏州为首批 5G 试验网建设区域，目前 5G 大规模测试组网已经成功，并且初步实现了 5G 网络的商用，也发放了商业牌照。

2. 生物医药产业：让人类生活更加健康。慢性病防控实现可预防、可预测、个体化和社会个人积极参与；人体组织再造已非难题，全球期望寿命大幅提高。现代制药技术取得重大突破，中医药进一步规范化并得到更广泛的认可，精准医疗体系推广应用，医疗整体水平得到提升。生物技术发展要求粮食、食品更加安全、高效、绿色。对于转基因食品，很多人有质疑，我问了很多农业方面的院士，他们都明确回答，经过这么多年，没有发现转基因食品的副作用。

3. 先进制造业：更加洁净循环、智能柔性。包括增材制造和大数据网络化资源平台等，这其中智能和柔性起了很大作用。

4. 能源产业：低碳、智能、网络化。全世界都在致力于减少化石能源的使用，中国也在做 2025 年、2030 年甚至是 2035 年的能源战略规划，尽量减少化石能源的使用。中国是以煤炭消耗为主的国家，因此要在低碳绿色上做一些技术的研究，尽可能从使用量上减少。

5. 蓝色产业：广域共融服务、深度集约高效。在未来，太空经济可能会成为信息时代世界经济重要的组成部分；还有海洋，包括海底矿场、海上工厂、海上城市，以海洋战略性资源开发为主体的"蓝色文明"也可能初步形成。

6. 绿色产业：推动人与自然的和谐共生。中国在技术上的突破，可能会让中国成为全球第一大新能源汽车市场。现在锂电池技术基本上得到了突破，实现了高容量，氢能电池也在加紧研究中。2018 年，新能源汽车年销售量达到 120 万台，且保持高速增长势头，个别城市相关限购政策已经取消了。这与新能源汽车市场的发展有很大的关系。

以上是我想介绍的一些情况。最后想说的是，要打造具有战略性、全局性的产业链，我们要围绕"巩固、增强、提升、畅通"八字方针，支持上下游企业加强产业协同，与高校、研究院进行技术合作攻关，要建立共性技术平台解决跨行业、跨领域的关键共性技术，发挥企业家精神和工匠精神。工匠精神方面，我们知道德国等国家做得非常好，尤其在职业教育上，从而培育了一批"专精特新"的中小企业，或者是某个领域的冠军企业，值得我们学习。

中国工程院将始终牢记自己的使命，继续发挥好工程科技领军作用，为大力实施创新驱动发展战略，建设世界科技强国，做出应有的贡献，勇挑重担，建功立业。

未来世界的规章制度和政策

英国商业、能源和工业战略部首席科学顾问　*约翰·劳赫德*（**John Loughhead**）[1]

　　我要在今天的演讲中谈谈科学不是独立的，而是在社会、经济体中互动的。科学应该有它自己的生态系统，这涉及很多，如监管、政策、法规等。我想利用这个机会谈三个关于创新和新兴产业中非常重要的话题，它们是环境监管、经济结构以及一些新的科技。

一、环境监管

　　观察现在整个世界的状况，不难发现世界变化得非常快，同时也出现了许多挑战。其中出现的一个挑战就是，新的科技会突破现有的监管系统，尤其当这些监管系统是来自上一代的科技时。对于监管来说有两大挑战：一是科技创新的速度比现有监管系统能够掌控的速度快得多；二是创新本身已经开始超出我们过去为组织机构创造出的环境和架构的范围。这两点会产生一些问题。具体是什么问题呢？我想跟大家谈谈，我们如何在英国进

---

[1]　约翰·劳赫德教授，英国皇家工程院院士，澳大利亚国家工程院院士。多年来，致力于电子和电力行业的工业研究和开发。

行管理和竞争的。

首先,我们采用了一个灵活的方式,不会对创新产生障碍,而是支持更多的创新,并且使得两者之间有很好的连接,以保护市民和环境。其中一系列的内容,被称之为"监管沙盒"。在这个过程中,很多创新公司和监管机构合作一起测试产品,不再需要消费者直接进行测试,不再需要满足过去传统的需求。在金融市场中,当我们看到金融监管在阻碍发展时(我们其中的一个测试结果就是这样),我们就会开发出一种新的模式来进行金融监管。现在,这种模式已经被全球 20 多个国家所应用。

这里有两份文件,所讲的内容就是在监管和创新中的六大要求,我跟大家解释一下。

监管必须是积极的。监管是面向未来的,要与大家一同应对未来。就好像现在我们迎来了人工智能发展,但因为人工智能的发展与保护消费者有一些冲突的地方,所以我们考虑了一下我们的工作,和监管机构一起建立了数据道德中心,在这个"中心"我们讨论应该用什么样的监管去应对人工智能对消费者产生的威胁。与此同时,监管要让社会大众融入进来,需要让人们指出他们想要生活的环境。

给大家举个例子,无人机的应用目前在欧洲面临了很多挑战,很多公众对无人机的使用持保留意见,因为无人机可能会被用于犯罪。这意味着什么呢?意味着我们需要通过监管去限制无人机的使用,我们需要和公民、社会对话,怎么样让无人机用于正面事务,比如利用无人机在大楼中进行灭火、进行交通监管、安全监管、货品输送等。在这个问题上,我们让各方面的监管加入其中。

其他新技术的应用也会带来一些问题。通常我们在旧的产品体系上,已经建立起了相应的监管要求。但在迎来新产品的时候,这些监管要求就不再适用了。例如,现在上海在自动驾驶汽车的测试上已经有了政策上的优化,支持自动驾驶汽车测试。在英国也是同样的做法。监管是要确保这些新技术的应用,而不再是在原有产品的基础上制定政策。

另外,因为我们在应用新技术的时候,对它将带来的影响并不是非常确定,所以我们可以提供一个试验的平台。在我们迎来新技术的时候,通常会和法务专家进行对话。比如说在人工智能方面，我们希望将它用在法务咨询上，即开展全自动的法务咨询，让用不起法务咨询的人通过人工智能来降低咨询成本。

此外，就是将自动化和监管最初就进行勾连，这样监管就可以更好了解监管可以达到什么样的目的，同时监管也可以了解其最前沿的内容。

这个方面的最后一点不仅是涉及科技本身，也影响着全球的贸易、经济。我们今天想要谈的一点就是金融创新下的全球监管和全球政策。我们希望能够基于新的系统来制定新的全球贸易规则，推动全球贸易的运行和发展。

二、经济结构

英国有一条法律要求我们必须采取相应措施应对气候变化。在应对气候变化方面，英国确定了长期目标和中期目标，并且制定一系列监管的策略。关于气候变化，2008 年法案中就有立法要求。过去 25 年，我们可以看到英国做出了很多努力，在保持高 GDP 增长的同时达到了减排目标。在 1990—2015 年实现了能源消耗的减少，包括电力消耗的减少、商业和工业能源消耗的减少以及公共领域、交通领域能源消耗的减少。

2018 年 10 月，联合国政府间气候变化小组发布了 IPCC 气候变化报告；在 2019 年年初，英国气候变化委员会也发表了关于气候变化的报告，希望能够在 2050 年实现"零净排放"，并且已经立法。英国并不是唯一将它立法的政府，澳大利亚和美国加利福尼亚州也颁布了行政令，将在 2045 年前做到"零净排放"。智利、丹麦、哥斯达黎加、冰岛、爱尔兰等都做出了类似的举措。

这对我们来说意味着什么，对经济增长、政府、社会又意味着什么？英国主要做了两个方面的努力，一是绿色经济增长战略，二是绿色金融战略。

首先，我们看一下绿色增长战略。如果我们要达到"零净排放"，就要在经济的所有部门当中实现去碳化，有一些是我们已知的可以使用的措施，有一些是我们目前还无法进行的措施。现在我们可以使用的一些新技术包括 CCUS、氢能利用、更多的使用生物质以及温室气体移除等。我们还需要进一步升级交通系统。以我们对当前技术的了解，如果要达到"零净排放"，我们要损失 GDP 的 1%～2%。对英国来说，要采取一些关键的措施，比如，通过 CCUS，每年捕获并存储 0.75 亿吨到 1.75 亿吨二氧化碳，并且大幅度降低碳存储的成本。

第二种途径是氢能。如果要走氢能这条路，就需要将氢气产能提高到现在的 10 倍即 300 TWh，并且将氢能用在工业、船舶以及建筑业中。几周前，英国政府确立了一个重要项目，即在炼钢厂中进一步使用清洁能源。

第三种策略是生物质，我们现在使用大量的土地生产食物，所以要生产生物质就必须要仔细考虑土地使用问题，这方面的创新也是我们的追求。使用生物质的问题还与我们如何生产食物的问题息息相关，如果要生产足够的生物质，我们至少要有 50% 的土地用来生产生物质而非食物，所以未来生产食物的方式也要改变，要变成纵向农场而不是水平农场。

第四种策略是从大气当中移除温室气体。我们根据在不同情况下可以取得的效果做了一些设想。1990 年每个家庭的碳使用被划分到几个方面，包括供热、电力、交通、废物处理等；2017 年，我们可以看到不同领域的比例变化，比如交通方面的碳排放更高了；2050 年，我们每个家庭碳使用需要达到的目标是，加热以及电力产生的碳几乎为零。

再看一下英国的碳预算。这是比较简化的目标，但没有这些排放预算和控制，我们就无法看到可以在哪些方面进行减排。我们进行了细分，比如土地浪费等。通过预算，我们可以看到应该要解决的问题，有些需要技术来解决，比如说使用木制建筑；有些是暂时还没有科技可以解决，这也就是我们讲的需要用到创新的地方。

其实缺乏创新并不完全是坏消息，我们看一下英国的案例。英国现在可以在低碳业务和它们的供应链中产生大概 40 万个工作岗位。其中有一些是各自业务的供应链，我们预计接下来它还会不断增长，这就是从比较积极的方面来看待。同时，也要做一些监管。

现在我们面临的经济就是全球基于化石燃料的经济，很多环境方面的变化会带来经济根本性的变化。不仅仅是工业活动，还有如何进行交易。此外，在一些监管和定价过程中，也会反映环境变化给我们带来的影响。

三、新科技的影响

新科技不仅是要以更好的方式来做我们现在做的事情,更重要的是它通过新的手段来改变我们现在做的事情。我要谈到的是我们可以应用的一些新科技,这就是我们讲的数字孪生技术。

数字孪生技术一方面可以不断进行很好的连接,无论是在系统还是传感器方面,都能给大家带来非常好的结果;另一方面也在不断增加我们的处理过程,或者是想要去操作的产品、系统。对一个工程师来说,这看起来就是非常传统的模块化,但实际上把任何数据放到现实当中都可以是虚拟化的,比如说工程师可以通过虚拟化做到每 10 ms 控制一次,也可以每三个月去收集一次数据等。这就是我们讲到的数字孪生技术,它需要一些环状体,需要物理化表现和数字化表现的结合。所以我们需要把它非常常规地放入模式中,然后就可以测试一些具体情况,再做真实、正式的实际应用。

它可以应用在制造业中,如模拟、仿真一些实际情况,不过这还需要持续的测试。在汽车行业,有一些传感器已经可以非常好地应用到汽车中。当然,在交通、建造、农业、健康、零售等行业也有一些试验项目。

面向未来,我们还有什么样的问题呢?技术性价比会变得越来越高,随着数据存储的增长,技术会变得越来越容易实现应用。另外,还有很多的领域,比如销售和市场营销,新技术可以应用到训练或采购领域中以提高效率、节省成本。

最后一部分我用几个例子来给大家讲一下。英国劳斯莱斯已经使用了数字孪生技术来研究和预测引擎在极端环境下有什么样的表现,同时可以实时通过数据分析来指导飞行员、飞机如何进行下一步行动。

在医疗保健行业,现在有一个医学初创企业正在使用数字孪生技术协助外科医生选择和部署血管内植入来优化动脉瘤手术。这样的方式可以以一个物理的模块来模拟病人的情况,然后测试在各种各样的情况下,不同的治疗方法会有什么样的结果。这样我们不需要去测试这个病人,而是通过测试一个模块就可以知道最后的结果,即不同治疗方法对他未来的健康有什么样的影响。

回到刚开始讲的监管，我们到底做了什么呢？现在政府意识到如何去做，所以两年前英国国家基础建设报告里讲到，数据要如何去使用，能够有利于公共建设，有利于人民。关于如何把这件事情做好，我们还有一个数字化的框架结构。

在英国的建筑业中，电子化、数字化的框架任务小组已经建立，我们现在还不知道接下来如何使用它，但是已经有一些目标。当我们讲到这些数字孪生技术可以给大家带来更好的公共服务，也有利于我们的商业活动时，我们相信这是未来不同行业业务增长的引擎。这也是我们为什么要坚持的原因。

最后，总结一下我今天的演讲，有三个比较重要的信息要传达给大家。首先，创新核心科技并不是完全依靠激励的，它们需要新的监管方法，如果我们不理解它们，就很难用新的方式监管，这样就会有更多的问题；第二，现在有非常激进的减排目标来促进整个市场和工业的发展，英国已经开始积极做这件事，中国也在做，我们需要这样的减排目标来促进整个市场和工业的变化发展，我们必须要做出反应；第三，我们需要满足未来所有需求的新的科技，比如数字孪生技术，它会成为最主要的发展动力之一，并促进未来商业的发展。

物联网和人工智能的宣传与现实

澳大利亚技术与工程学院院长　休·布拉德洛(Hugh Bradlow)①

前面已经有几位专家学者讲到新兴产业和创新可以解决未来社会发展以及生活方式、经济运作的问题。我想我们也应该要关注到现实中的两大问题：物联网和人工智能。

接下来我想和大家谈四个方面内容。一是从科技本身能做什么来实现物联网和人工智能；二是人工智能的一些具体类型；三是物联网的安全问题，尤其是网络安全问题、新科技的产生导致的安全问题；四是以一些案例来看这些技术如何改变我们现在和未来的生活。

一、物联网和人工智能

现在物联网中有三个不同类型的技术平台，包括设备本身网络、云服务以及一些中间的软件。网络是非常关键的，所以我想从网络开始跟大家谈。物联网很多时候是由网络层来决定的。我们可以用三种方式来构建网络。

---

① 休·布拉德洛，澳大利亚伍伦贡大学计算机工程教授，南非开普敦大学电气工程（数字系统）教授，澳大利亚联邦百年奖章获得者。

首先,可以用低功率的 WIFI 来进行网络的构建。还有人用一些低功率的广域网来进行网络的构建,这个就好像我们当前手机用的广域网一样。现在已经迎来了 5G 时代,5G 正在实施当中。我就不详细解释为什么 5G 对于网络构建非常重要了。只有大规模地应用宽带网络,可以连接数十亿设备,才能够实现大规模的数据流通。与此同时,我们也能够通过较低的延迟,以及较低的功耗来进行设备的使用,从而获得较高的服务品质以及用户体验。如果你在做一些非常重要的事情,比如说在开车,若突然出现一些系统的故障,就会导致安全事故。我们在设计 5G 网络的时候就已经考虑到这些情况,所以 5G 网络对于网络的构建是非常重要的。还有一方面我没有谈到,就是网络的覆盖,在 IOT 时代,在 5G 网络的基础上,我们需要连接的设备量是前所未有的,这也是必要的。如果你是一个农民,有大量的农田,如果你的设备无法覆盖整个农田,那么农田就是被浪费的。

卫星能够提供 100% 的信号覆盖,提供我们需要的宽带连接,这是运营商能够在全球提供信号覆盖的途径或者说是工具。今天,智能手机已经成为全球最重要的技术平台之一。大概有 50 亿人在使用手机,其中 40 亿人用的是智能手机,可见智能手机使用的规模非常大,且极大影响了当前世界运作的机制。手机可以提供相当多的功能,我们的手机上有一系列的传感器来为手机提供实时的数据,传感器的生态系统需要我们在物联网中进行部署。

那么问题来了,未来的智能手机会是怎样的,它将怎样改变下一个时代的发展及经济增长?我们现在进入了一个智能手机的时代。智能手机不仅仅是一块屏幕了,它可能也成为了生活当中被使用的设备。智能手机可能会变成抬头显示的。现在我们到街上会发现大家都低头看着手机,未来可能大家眼前会有一个"抬头显示"的屏幕,这样就可以在眼前操作,不用低头了。这类似于我们现在采用的一些可穿戴设备。但如果都要戴大眼镜的话肯定不太美观,所以未来的眼镜将会进行更多的功能集成,眼镜右镜片上有一些像集成电路一样的电线。也许,未来将会有智能眼镜和智能手表等更多的可穿戴设备。

二、人工智能的具体类型

我们现在已经创造出来的,是一个有海量数据的世界。当然我们现在也有了很大的算力,算力给予"云服务"很大支持。在海量数据、大算力基础上,可以实现机器学习。所谓的"机器学习",就是通过算法、数据对机器进行训练,让机器能够识别一些数据中的规律。在一些领域中,机器学习已经十分成功,它能够在输入和输出信号中非常好地识别出一些规律。以语音识别为例,一开始的研究只是用了一些非常基本的算法,识别率大概只有50%～60%,但2010年谷歌有了新的方法,利用更多的数据、更好的算力,通过机器学习的方式,也就是深度学习来进行语音识别研究。语音识别还不是机器学习非常重要的应用,另外一个非常重要的应用就是图象识别。在2015年的时候,机器的图象识别能力已经超过了人类图象识别的准确率。在机器学习的基础上,机器有能力去识别语音和图像,这是机器学习的一个重大应用。

媒体对人工智能的宣传。人工智能的市场非常火热,如果现在有一个创业公司是做人工智能的,那么也许人工智能这块业务就能够为它获得15%～20%甚至更多的投资。在欧洲有很多所谓的人工智能创业公司,其中40%都只是借了这个热度,做的不是真正的人工智能。人类有"一次性学习"的概念,但机器没有,我们需要对它进行很多的数据训练,对它输入很多相关的参数。因为有些相关性的参数并不是非常的明显,不是马上就能看到的,所以我们要进行很多实验性训练,并且对这个数据机器模型进行很多数据的输入。对于相关性很低的事件,比如天气预报,可能就很难用机器学习来预测。目前我们已将机器学习用于面部识别,但因为面部识别的数据主要来自在硅谷居住的男性白种人,所以对男性白种人的识别率是非常高的,但对于黑皮肤的女性识别率、准确率只有65%。另一方面,我们在神经网络上的算法越来越庞大,有的时候高达1 800万个参数,对算力的需求也越来越大。像"碳排放净增长"项目就不能不提它背后需要消耗的算力。如果进行自然语言识别的话,仅对算法的训练就要消耗掉60万千瓦时的电量,这会对经济发展中碳排放造成很大的影响。

　　人工智能的拓展性不是非常好。以机器学习识别人脸的能力为例,可以发现在识别十个图形的时候它的准确率非常高,可能接近100%,但到了100万个图形的时候,它的准确率就下降到75%左右。虽然如果是人类识别的话,人类的表现还不如机器学习,但如果我们过度依赖机器学习,可能会造成一些非常严重的错误。有个机构做过一个测试,挑选一些国会议员,把他们放到一个有2.5万名罪犯的数据库中进行比对,机器学习就将28名议员当作罪犯识别出来了。那么这也就意味着,如果识别准确率不够高的话,图像识别的错误后果将会是非常严重的。还有另外一个问题,就是它缺乏可解释性。比如我们就没有办法解释,为什么机器学习给予我们这样的结果。就像我们都去参加面试,但你被淘汰了,你肯定想知道自己为什么被淘汰了。机器学习的算法是没有办法给你一个合理的解释的。还有一个担忧就是机器没有人类所具有的常识。例如这个测试,读一个句子:"城市议员拒绝了给予游行者许可,因为游行者推崇的是暴力。"然后软件问了一个问题:"到底是谁推崇暴力? 是政府议员,还是游行者?"在所有的科学家提交的软件中,他们机器学习给出的答案准确率不超过50%。所以,对于机器不掌握常识的问题,如何解决,还是任重而道远。

三、物联网的安全问题

　　现在我们经常可以遇到物联网系统被入侵的问题。比如,在无人驾驶汽车中,系统被入侵了;在自动提交系统中,主要的计量被篡改了;等等。一方面,物联网的网络连接设备是否足够的可靠,对物联网安全有很大影响。另一方面,我们看到很多网络安全问题,不能够做一些编码。如果要做,它会使你的电力变得更低,所以有的时候我们需要第二或第三个因素来做进一步认证,这就又有很大的影响。也就是说,IOT还有另外一个挑战,就是物理上的一些脆弱性。但我想说,安全不是一个不可解决的问题,事实上我们还是可以让系统变得比较安全的。

四、技术如何改变生活

　　最后,讲讲未来IOT中我们要扮演的角色。给大家看几个"小"的案例。

我讲的"小"不是影响小,而是说"小"的应用。

首先,一些远程应用会非常重要,VR眼镜将成为我们手机的一部分,远程应用结合VR眼镜能支持手机做一些我们以前没有办法做的事情。微软的一个案例——"混合现实",可以非常具体地告诉人们如何一步步地修水管。另外一个医疗方面的案例,特殊设备可以让每一个人能够"24×7"监控自己的一生。将一个蓝牙ECG设备——它是防水的,可以24小时使用——放在胸口,ECG的信号会传送到"云"处理当中,机器就可以识别它。如果它发现一个人有问题的话,就会提醒使用者并进行干预。比如,我有一些年老的同事,他们一个人待在房间里,对身体状况毫无知觉,甚至到救护车来救他们时,他们还可能会觉得"我根本没有问题"。这种情况下,如果是心脏病发的话,生存率是很低的,有这个东西帮助很有必要。

澳大利亚有一个非常奇怪的医疗系统,医生认为医疗是免费市场、自由市场,他们可以想让你付多少钱就付多少钱。有的时候最高可能要比他们建议的费用超过十倍,但是消费者、病人并不愿意。还有一些年纪大的患者和一些所谓运动员体格的病人,医生没有办法比较他们的诊断结果,但可以用机器学习将所有的数据放在一起,帮助诊断。这就是为什么我们需要所有的数据,这些数据记录我们的活动,如今天吃了什么、到哪里去运动了等。把这些数据和其他的数据放在一起,比如今天的天气,还有交通、医院的情况,以及你周围人的一些数据等,你就可以获得更多的信息。当有了更多的数据,它就会带给你非常好的效果,让你非常有效地进入一个真正自由的"市场",这将会影响到我们未来的医疗费用。如果未来能够做到这一点,那么将能够监管我们的医生。

最后,我来总结一下。首先,我们在IOT、机器学习这两大技术平台有巨大的潜力,要去创造更多新的应用方式。同时,我们也要考虑到,尽管它们会非常的有效,但有时也会产生一些不匹配需求的东西,甚至会打破大家的幻想,它们也存在限制。

开放创新打造全球集成电路产业命运共同体

中芯国际集成电路制造有限公司董事长 周子学

我今天演讲的主题是"开放创新打造全球集成电路产业命运共同体"，这个题目可以再简短为三个主题词："开放、合作、创新。"此次会议名称为"创新与新兴产业发展"，意为科学家们的创新很多都会转化为新兴产业。

我要讲的内容是集成电路。集成电路是新兴产业，我给大家带来的是集成电路的一些产业规律性的现象介绍。1958年集成电路被发明，迄今为止已有61年。2018年中国举办了集成电路60年纪念大会，今年是第二个"60年"的开始。这样一个新兴产业还能走多久呢？1958年，美国某企业的一位工程师发明了集成电路，与此同时，发明晶体管的肖克利的学生一起出来创立了集成电路公司。肖克利作为科学家很厉害，但是带队伍不行，所以他的学生们都跑出去办公司了，其中有一个叫诺伊斯的，后来和英特尔的创始人一起创立了一个仙童公司，其实也是在做集成电路。因为仙童公司没有申请专利，但是集成电路专利一公布以后仙童公司也把集成电路登记了专利，所以出现了三年时间的"专利之争"。但是后来法院判决，两个人都是集成电路的发明者。集成电路发明之后的十来年时间，英特尔公司创始人之一摩尔发现了一个行业趋势，这就是所谓的"摩尔定律"。虽然集成电路只是一个不到五千亿的产业，但是它的名声非常大。集成电路里面的摩尔定律，可以说没有人不知道。

我认为摩尔定律不是一个科学的规律、科学的定理，它实际上是一个产业的发展趋势。它总结了集成电路十多年的发展，做了一个预测，这个预测带有技术和经济双重意义。定律认为如果集成电路功能越来越强大，成本将越来越低。成本实际上是经济现象，所以它是技术跟经济结合的产业趋势。因此它实际上是一个经济规律，或者叫经济趋势、产业发展趋势。假如这样来理解，我们就没有必要争论摩尔定律是不是要结束了。这种高技术突破之后带来的功能越来越强大、同时成本越来越低这样的一个趋势是有长久的指导意义的。这样理解更加合适，因为它本来就不是严格的科学定律。

我曾经问过加州伯克利大学的教授胡正明，他认为："集成电路这个行业，可以再做 100 年没有问题。"集成电路再往前走，可能会在技术、工艺、材料的发展上有许许多多的颠覆，集成电路这样一个信息产业的基础产业，再做一百年没问题。

我在这里想跟大家说一个非常重要的观点：集成电路产业是一个高度国际化，产业链又是非常紧密的产业。这样的产业，任何一个国家要是自己关门来做都完不成。这个观点十分重要，在当前国际贸易摩擦非常严峻的情况下，我认为有一些国家的政府官员是不理解这个概念的，他们不认为这样的产业一个国家不能做成，认为每一个国家都能单独做成。

这个产业可以细分成几个领域：EDA、IP 核，它们都是软件。设计有专门的设计企业，制造有前道制造和后道封装测试，这个产业已经高度细分。从经济学的角度来看，产业的分工是越细效率越高、成本越低。人类社会就是从产业分工走过来的，这个产业也到了这样一个程度。我们来看看 EDA和 IP 核，主要是美国研发，但是欧洲也做得非常不错。比如，大家都知道的ARM，这个公司就是英国的。美国的设计也很强大，有英伟达、联发科等。中国的华为也是世界一流的，做得非常出色。再看看制造，现在制造最强大的是中国台湾，还有韩国。中国大陆相对落后，中芯国际排在世界第五位。要硬件就必须要有材料，材料实际上是日本最强。美国也有很多的材料企业,但日本占据了集成电路材料的市场,特别是在最先进的材料上,日本可能占了 2/3 以上,因此日本是材料最强。设备应该是美国最强,欧洲也很厉害。荷兰的阿斯迈尔有很多的产品就是只有他们一家能做。封装是中国台湾最厉害,中国大陆也还可以。从这样的一个产业版图看,我们是不是可以得出一个结论:这些国家和地区,在集成电路产业分工中,各有优势和弱势。当然,这些国家和地区主要指美、欧、日、韩、中国,还有其他的一些零零星星的分布,它们要是分别自己关起门来单独搞,其实都完不成这个产业链,都做不成集成电路。所以"开放、合作"是这个产业的基本规律,绝对不能"关门"。"关门"了,整个世界的集成电路产业都将毁掉。

我刚才说的,这个产业不大、很小,不到 5 千亿美元,但它的地位非常重要,具有基础性、战略性意义。所以,这个产业长期以来和 GDP 之间具有相关性——从 20 世纪 90 年代一直到现在。它的起伏几乎跟 GDP 同频共振;或者倒过来说,集成电路的起伏对国民经济、GDP 有很大影响。我们看看这个行业在中国是一个什么概念。就这个行业本身,中国并不强大,但中国的市场非常巨大。20 年前中国市场只有世界的 7%(连 1/10 都不到)。到了今天,中国所消耗的集成电路是世界产量的一半左右。为什么呢? 这里也有产业梯度转移的因素,中国作为信息技术产业的制造大国,比如世界电视机百分之八九十都是中国造的,手机也是,还有 PC 和其他的应用产品等,中国已经成长起来一批世界级的企业,它们消耗了大量的集成电路,以致所有的集成电路都要到中国来。比如美国高通、博通、英伟达这些企业,它们很大的市场就在中国。因此中国处在集成电路市场非常巨大、但集成电路的本身产业又相对弱小这么一个矛盾趋势中。从经济的角度来看,市场在什么地方,产业就应该在什么地方发展,这是规律。许多国际企业都集聚到中国来做集成电路,这不是有其他的原因。当然,政府也在支持,这是毫无疑问的,也是有经济规律可循的。

2018 年下半年以来,世界集成电路产业呈周期性下降趋势。2018 年上半年包括以前都发展良好,但它是一个周期波动的产业,下半年以来整个世界的集成电路产业并不是很景气,但中国的情况还很乐观,一直在上升。2019 年上半年增长了 11.8%,两位数的增长已是非常高的,但产业本身相对弱小,和世界其他国家存在差距。

　　今天给我这个机会，我也顺便说一下中芯国际。中芯国际发展快20年了，跟最先进的企业比起来还是年轻的。中芯国际是二十年历经坎坷走到今天，现在它应该是中国大陆规模最大、技术最先进的企业了。这个企业还有一点比较好，它的机制非常不错，它是根据市场需求，在董事会的领导下独立运营的国际化企业。它在中国的几个最主要的城市，北京、上海、天津、深圳等都有生产基地。它的营销遍布整个世界，销售额大量在海外。现在，中国的设计公司起来以后，中芯国际也有一半多的市场是在中国大陆，其他还是在欧美、日本等。它是一个国际性的企业，但相对弱小，技术还比最先进的要落后一些。我们正在追赶，最近这两年企业的发展形势很好。

　　我们提供什么产品呢？其实我虽然在这个公司，有的时候我也不知道我们做出来的东西给谁用了。有一次我到珠海去拜访客户，早晨去外面锻炼身体，看到马路边上有一些中国大妈在跳广场舞。我的客户告诉我说："跳广场舞的设备，里面的集成电路就是在我们中芯国际生产的。"因为我们生产的东西遍布全世界，应用于各行各业各个领域，所以我也真的说不清楚。归纳起来，主要有这么一些，移动通信、云计算、大数据、智能物联、汽车电子等。实际上，刚才前面几位科学家所说的创新，对国际经济、对人民生活所带来的好处，很多都得通过电子信息的渗透去完成。而电子信息的基础就是集成电路，离开了它什么技术进步都难以做到，它确实非常的重要。

　　最后，我简单说一下我的三点结论。

　　一是集成电路产业是一个高度国际化，产业链联系非常紧密，任何一个国家和地区都不可能实现100%纯本土化制造的行业。我呼吁在座的各位科学家回到你们的国家，也要和你们的政府说：这个行业千万不能"关门"，一定要开放、一定要合作，合作才有这个产业的明天。否则的话，它是没有前途的，不要受一些不懂这个产业规律的人的影响。

　　二是中国有最大的市场和新兴产业发展的机会。但中国集成电路产业实际上还是比较弱小，具有相对优势的国家和地区比中国要强大的多。

　　三是我们应该坚持"开放、合作、创新"，抓住市场的机会以及全球的产业链，包括产业链之外我们所服务的、所应用的所有的高科技领域，这样才有合作发展的明天。我们要实现"双赢"！

发展论坛

智能融合，可持续发展
——中国工业互联网发展

创领工业新天地

——京东零售集团企业业务事业部工业品业务部总经理 丁德明

"京东来了！"相信在座的很多领导、嘉宾都是京东的客户，但京东做工业品可能很多人并不知晓，或者是不知道京东想怎么样去做工业品。京东工业品部门于 2016 年规划了一年时间，2017 年 7 月正式成立，截至目前已成立两年时间。接下来，我将向大家汇报，过去两年京东工业品做了些什么、未来三年京东工业品的发展规划以及京东工业品如何创领工业新天地。

首先谈谈目前工业品行业的痛点。工业品行业中有很多品类属于标准品，有明确品牌型号的有数千万，且还有一些长尾端的品类。面对如此多的商品，京东如何开展自营操作，如何与客户有效对接，是目前京东面临的问题之一；此外，工业链效益非常低下，原来的供应链效益低，各层级代理商多，管理效益低下，管理难度大，这也是目前工业品行业普遍认可的痛点与难点。

　　原来的供应链体系是什么样的？最初是单向的、封闭的,是客户与供应商间点对点的连接。随时代发展出现了网状高效互相协同的平台,如今需要的是开放、立体、动态、数字化供应链共享的体系,很多嘉宾都在说怎么样连接,连接之后做什么,这都是我们思考的问题。京东工业品提供的不是简单的平台,而是智能工业物联网产业综合解决方案。这不仅是一个平台,而是从端数据到云处理再到产业多维融合的集成智能供应与融合发展。此次工博会京东有三个展区,分别为数字化、平台化和生态化,旨在打通客户端上游下游,实现无缝连接。

一、数字化

　　数字化包括六大部分,分别为数字化的商品、金融、技术平台、供应链、零售和服务。

　　数字化商品。目前京东网站上有 18 大品类,其中一级品类、二级品类148 个,三级品类上千个,四级、五级分类数量更多。对于工业品,底层的分类非常清晰,大概有 2 000 多个品牌,产品数量级是 3 千万的品类。其中,一部分是京东自营,一部分是厂家直发。此外,还有数字化的质量体系。工业品质量参差不齐,有好有坏,假冒伪劣特别多。质量对于京东工业品来说是重中之重,也是京东的立足之本。同时,还要确保时效性,压缩成本。另外,还有数字化的营销体系,京东一直在走平台销售,坚持"正品行货"的理念。

　　数字化服务。之前我们把服务放第六位,如今我们把它放第二位。过去一年半的时间中有 20% 我们都在打造服务。举个例子,如果京东平台上卖一台空调,但不包含安装,你们还会在京东平台买吗？我相信大家都不会买,因为空调安装是买空调应该具备的基本服务。工业品也是这个道理,如轴承、带电电器、实验室设备刀具等,都涉及明确的售前、售中、售后服务。京东怎么做好这些服务？建立标准化、线上化,依托供应商的服务能力,生态打通最主要靠的就是服务。再看电器类产品,那些客户需要的服务已经被指标化了。

　　数字化供应链。目前京东供应链体系有两张网。一是京东自营物流体系,包括高度智能化仓储,实现智能运营、高效运营。京东自营有 1 200 万平方米的仓库,京东物流是全球唯一拥有 6 大智能配套体系的公司,拥有中小件网、冷链网、B2B 网等。二是共享链。很多产品如油脂、化学品等不能入京东仓,但我们还要给客户供货。这问题怎么解决呢？可以通过共享链的仓储能力解决。京东已经把全国 800 多个仓库纳入共享链平台,未来三年还将继续发展共享链平台。如今很多京东自营商都加入其中,解决了最后一公里派送的问题。

数字化的技术设施、六大网络体系、智能平台,结合大数据应用和人工智能形成了目前的智能供应链体系,可以针对不同的客户和供应商的需求对应品类,对行业客户进行单独的供应链方案整体打包服务,综合解决一系列供应链上的难题。这个京东目前已经在操作了。

数字化金融。工业品原本已涉及备品备件,逐渐可以涉及大宗物资。针对金融体系的搭建,京东为现在的供应商、客户伙伴提供了企业支付、企业票证、企业融资的综合解决方案。

数字化零售。如果有人需要买三个工业品,到一个工业品的市场转的话可能要花费一上午。因为市场都是单独的小店在卖东西,而逛店的效率非常低。所以,如何快速提升效率,一是"货",我们要做到短链,快速交接,京东现在拥有的数据支撑可以做到短链连接;二是"场",这是最重要的,京东做的很多都是自营交易,加盟门店之后,区域方圆五公里都是辐射范围。

京东工业品已经实现了"海、陆、空、游击队"四种寻源模式。其中,"陆军"代表线下的零售渠道商;"海军"代表自营与品牌商;"空军"代表 iSRM 系统,可通过云寻源对接第三方品牌商;"游击队"代表驻厂与落地服务商,通过投资形式与工品汇建立合作,完成工业品交付最后一公里服务。

二、平台化

京东目前有五大平台。2018 年 10 月 8 日确认上架的工业品是京东 B 端(产品服务于组织)中最重要的,已成为集团战略。所以,京东集中了很多资源去主打工业品品类。如今,MO 平台集成了 3 000 多品类。VOP 平台上,很多国企、央企与京东签约,97 家央企中有 65 家和京东签约。京东将技术能力、物流能力、商品能力整合,提供了一百多个端口与这些平台对接。

VSP平台，很多企业想电商化，但没有能力。京东就提供了 VSP 平台和 iSRM 系统，为客户提供专属的企业数字化采购供应链解决方案。京东物联网平台。此次工博会中包含数字化、平台化和生态化，关于生态化板块，京东做了模拟沙盘，将物联网加入其中，现在有 500 多个品牌，2 000 多款产品，经过 5.7 亿次数据演算，有物联网支持后可打通到端设备。京东要做的是解决平台打通之后的商流问题。iSRM 系统与京东物联的网络协同为实现生态化奠定基础，协同中必然有交易和商流，这就是京东最需要解决的。

三、生态化

京东工业品也在思考如何去打造工业品生态。一边是供应商，一边是客户，两方目前的痛点是什么？质量、低成本等都是客户的要求和痛点。金融生态，没有金融就没有其他的一切，金融是基础；物流生态，包括工品链、共享链等；服务生态，把平台供应商、线下供应商，包括京东数千个整体电商团队打通，提供服务；商品生态，京东有数字化的商品体系、质量体系、营销体系；零售生态，现在主要分为仓储式、园区式和零售式三种形式。

平台与技术。京东有很多技术，包括 AI、区块链、大数据等。京东的技术是平台，把能力赋予其他企业，通过这个平台可以跟客户端采销一体化连接。供应商可分为大型供应商和中小型供应商，京东会对中小型供应商免费提供平台服务，这是京东的平台生态。

此外，还有客户。很多人问，京东核心能力是物流还是商品？在我看来，京东核心能力是运营。客户的真实需求是什么，客户对未来的发展怎么样规划，这些都是我们很好的驱动力。京东的七个生态都是客户逐渐要求我们打造出来的，还有供应商、平台。这几个结合以后，七大生态出现了生态化连接。京东未来有 5G、云计算、物联网、大数据，或者是 AI、5G 等技术发展之后会出现的东西，就是我们说的智慧工厂、智慧医院、智慧城市、智慧零售，这一系列加在一起可以称为生态驱动，这就是京东工业品认为的数字化、智能综合解决方案。

工业互联让制造更简单

智能云科信息科技有限公司总经理　朱志洁

自 2017 年起，"i5OS 平台"一直参与工博会，参与这个论坛。2017 年我们发布了基础运动控制的 i5OS，在这一运动控制操作系统基础上，2018 年我们围绕着用设备的用户和造设备的企业，围绕设备全生命周期过程，提供了全系列的服务产品罗盘。通过两年的努力，今天借此机会给大家汇报一下，如今我们在做些什么。

大家都能亲身体验到在过去信息化和网络高速发展的过程中，人的消费和人的交互有了很快的发展。手机这个个人终端，使人的交互变得更快捷，特别是如今 5G 技术的介入，进一步促进了人与人之间的交互。

一、数据"读得出""写得进"，推动工业互联价值实现

通过现在的互联网技术和原来的设备控制、运动控制技术，5G 给制造、工业设备插上了翅膀。从这个角度，我给大家汇报一下智能云科 i5OS 平台以及我们通过这方面对制造业的思考。

核心的问题是：工业互联网或者是 5G 等通讯设计都是信息的通路，不

论是 5G 还是 4G。这样的"高速公路"上跑什么样的车,从工业互联看,就是我们需要连什么以及怎么样连。常规来说,我们能解决的很现实的问题就是企业信息化问题。如果真正打开了设备的交流窗口,那么能够做什么呢?从工业互联的角度解决的仅仅是获取信息的流程,如果通过工业互联真正和设备连接起来,能够和设备进行交互,不仅是采集信息,还能把采集完的信息进行处理,实现工业互联,这才是工业互联的核心价值。

通过这种控制的交互,使设备提升效率。我们的解决方案提供了两个核心能力。一是设备深度连接。通过各种现场设备的协议解析、整合与应用相结合,和实际应用场景相互动。通俗说就是"读得出",从设备上能够获得真正有价值的数据。二是能不能利用这些数据来优化,优化后让设备更好运转。任何一家制造企业,面临最重要的问题都是提升制造过程的质量,提升装备的效率。从这个角度来讲,一定是要"写得进",让优化的结果去影响设备。这是工业互联从深层次的角度,真正给用户创造价值的可能性。

二、边缘计算能力+开放共享理念,助力沉淀工艺 know-how

在智能云科新的一年中,我们按照自己的理解,通过各种协议解析等做了相应的工作。基于这样的状态,"i5OS 平台"上沉淀了 iPORT 协议,它更多是聚焦在应用场景上,以一种应用为诉求的标准协议。iPORT 协议目前主要聚焦在装备或数控机床领域,在德国和美国机床协会互联互通,在中国机床工具协会上也得到很好的应用。我们也通过各种标准协议的交互,和机床制造行业,尤其是主流控制机厂家都建立了必要的深层交互。

以协议打通为前提,获得协议还需要有一个承载体,所以,智能云科在原来 i5OS 运动控制的基础上推出 ISESOLBO X,通过接口打通承载,不同协议介入,高效高容量数据介入以及优化。原来的控制器存量在上述控制系统中显然不具备这个能力的,必然需要一个边缘的实时计算。尽管 5G 现已进入快车道的应用阶段,5G 技术在设备与设备之间的连接目前已经得到了很好的应用可能,但是现在毫秒级、低延时、控制级的交互还无法真正做到完整互联。所以必须要有边缘计算的工具,通过在原来的装备边上提供一个承载着原通讯协议的深度连接的数据优化,形成完整互联的效果。

在这样的基础上,我们有了连接器,通过连接器和制造企业的终端用户设备形成真正的连接,在交互和采集数据的同时,又告知企业如何进行优化,真正做到使设备通过运用先进的大数据服务即智能制造提供的算法、数学模型,进行优化。在此基础上,智能制造所使用的设备绝对不仅仅是单一的数控机床,而是在不同应用场景中有很多不同的装备。

未来一定是互联互通的时代,工业互联本身就是要互相连接。智能云科通过把机床的所有数据上传,并进行提效增质,利用现有技术打造了开放的模式,这样就有机会与用户端其他信息化系统、其他提供工业互联平台的服务商一起,共同为制造企业提供相应的服务。在此平台上,尽管连接得不是很多,但我们追求的是质量。平台上现在有不到 3 万台数控机床设备每天都在运营,相应的工业消耗材料每天都在使用。如果所有社会供应商都能精准得到相应服务的话,我们中国的工业制造才真正具有创造价值的可能。

智能云科也为开放平台打造了 APPSTORE 模式,这也是一种开放的模式,以 APPSTORE 模式提供给各个科研机构和合作伙伴数据,利用他们专业的思考沉淀出专业的 APP。通过这样的渠道,给三千多家的用户创造应用价值,我认为这才是我们作为工业互联网企业和大家共同努力产生影响的事情。

上述服务从 2017 年起逐步提供给全社会企业,如相应的交易、车间信息化系统等,我们提供租赁信息数据服务,让设备得到共享,让制造资源可以共享。智能云科通过 i5OS 平台打造开放的接口,和大家一起互联互通起来。这就是我们讲的"服务大家可以互联互通",利用社会创新能力、专业人员服务能力,打造真正的工业微服务 APP,更好地为企业应用场景服务。

我们将这一整体称为"众创众智众享"模式。有了开发的模式,我们就可以自己做完,并应用在相应场景中,把有效的知识通过工业 APP、软件加密起来,有了更好的知识创造财富的空间。原来无法受保护的知识产权和专业理论,通过工业 APP 模式可以最有效地得到保护,也只有当知识得到了保护,该行业和从业人员才能够有更强的创新活力。

通过互联互通,为工业制造企业创造出最好的价值,让工业制造企业能够有更好的应用、能够高质量地发展,是我们最终的诉求。

数字·商业　新一代工业电商

——阿里巴巴 1688 工业品牌总经理　李丛杉

今天,我要跟大家一起分享和汇报一下阿里巴巴 1688 内贸事业部近两年在工业品领域以及 B 端的探索和实践。我将主要围绕新阵地、新服务和新生态这几个层面给大家一一介绍。

首先,介绍一下 1688 和阿里巴巴的关系。今天的阿里巴巴集团来源于 1688,B 类发源经历了 20 年时间,一直在为 B2B 升级服务。在 20 年发展中,后续近十年消费互联网——阿里巴巴的淘宝、天猫蓬勃发展起来。今天,1688 平台又一次迎来新的 B2B 电子商务生态系统建造过程。

我们来看几组数据,去年一整年时间 1688 平台 B 类在线用户数突破 1 亿,对 B 类来说这已是非常重要的突破。B 类每天在线游览次数过 1.5 亿,在工业品数字化 SKU 中达 10 亿以上,工业买家数千万,整体市场覆盖全球超 860 座城市。1688 B 类的渠道不仅覆盖到国内三、四、五线城市,而且已经覆盖到海外。这是非常巨大的大工业,也是非常巨大的大生态。该生态不仅是 1688 所有的,也是制造业企业、服务类企业共同拥有的生态。

1688 平台过 1 亿的 B 类用户中,既包括全球非常知名的品牌,也包括街边很小的零售店铺，他们都在这样的生态系统中运作着。这些 B 类用户本身在数字化平台里已经形成网络协同的效应。今天，我们认为，工业互联网或工业品的电商平台是以需求为驱动方向的。工业品牌在这个过程中起什么样的引领作用呢？我们看几个重要的"数"，每天品牌商品的浏览增速达 58% 以上，品牌成效增长 2.5 倍以上，工业品牌关于品牌商品的搜索数增速达 50% 以上，这表明线上 1 亿多的用户都在寻找正品或是品质好的工业品品牌服务。市场的驱动力已经在推动大家去往互联网平台，在数字化转型方向上做更好的升级和驱动，我们今天面临着非常重要的互联网和工业品或是和传统产业进行深度融合的阶段。在深度融合阶段，我们需要做什么呢？品牌营销或营销在工业领域内和产业协同是什么关系呢？

阿里巴巴最重要的"双十一"，从外部看可能是一个营销活动，但从内部来看这是巨大的社会化协同系统。该系统已覆盖两百多个国家及一千万以上的商家，这一千万以上的商家不仅包括阿里巴巴自己商品的供给端，还包括各种各样的商品服务端。"双十一"中我们会服务超十亿的用户，这背后是非常巨大的社会化大协同系统。

社会化大协同系统驱动了整个营销活动，我们认为，今天的营销不仅是半个世纪之前做的"4P"——产品、价格、渠道和促销。现在的营销应该是从产品设计开始，从需求端角度去透传产品的设计理念，从生产层面进行。也不仅是做大传播活动或大众媒体的覆盖这样简单的过程，今天在互联网平台上，我们第一次在工业品领域可以快速重新定义营销以及和产业之间协同的概念。

1688 工业品牌有三个最重要的定位。一是坚持品牌正品和品质服务，品质服务是衔接各生态的伙伴共同提供品质级的服务；二是商品聚焦，从内容角度提供数字化的快速衔接以提升效率，我们认为，在互联网领域内，内容本身就是一种营销方式；三是服务，未来所有的企业都不是销售类型的企业，而是服务类型的企业，客户、用户需要的不仅是一个产品，还有服务。

在互联网平台或阿里巴巴工业品牌生态系统里，服务是非常重要的概念。从这个角度来讲，我们认为服务即营销。今天的品牌商如何更好地关注自己的用户？传统的"4P"就是产品、定价、渠道和促销，我们面临着的就是几十家经销商,很难去接触终端用户,无法很好地了解用户对产品的反馈,也无法让用户在使用产品过程中实时反馈效果。在这个阶段,我们有方法帮助品牌商如何从用户的使用反馈以及用户的需求中提升自己的服务能力。

还有一个新模式就是 C2M 新模式,随着消费互联网的升级,工业制造企业已经参与到消费互联网的过程中了。人们生活或者说是消费者生活的方方面面都有工业品的参与,除衣服以及各种各样的化工原材料之外,提升一个小零售品的利润率是非常难的,但是降低废品率给了非常多中小企业很好的生命线,并提升了整体效率。我们认为在这个领域,从 C 端消费互联网大数据角度推向 M 生产制造商,是一个大的协同链条。

因为阿里巴巴的远景是"让天下没有难做的生意",使品牌经销商都能把自己的生意做得更好,所以品牌正品、品质服务、内容服务用户、C2M 新模式、生产制造和商业模式都是非常重要的新方向。我们认为,今天工业品牌的平台不仅是电商的渠道,也不应该被看成是销售的渠道,而是整体的生态系统,整体的生态系统为品牌商、服务商所用,能够去把自己的生态组合起来。

未来的企业,将不仅仅是销售产品,而是提供服务的企业。未来的企业,生态有多大就决定你生意有多大。今天,整体的生态平台是为了给每个个体或每个参与者提供自己所需的生态系统。在阿里巴巴商业操作系统之上能够做灵活的组合和配比。

阿里巴巴 1688 发布了"八大能力"。没有技术革命,任何一个产品和服务的提供成本都是巨高无比的,也就没有办法把红利爆发出来。整个技术革命、互联网历史,大都经历了三个阶段。第一阶段是记录的革命,把所有的脑子里的信息用 ERP、数据库和桌面操作系统为主的技术记录下来;第二阶段是分发的革命,移动互联网爆发,包括 APP 完整大数据和 AI 技术,造成了分发的革命,使之快速分发出去;第三阶段是认知革命,我们认为就是以区块链、人工智能、物联网以及 IOT 完整的技术变革。未来 20 年,更多决策将是人机混合决策。

在此历史上,"八大能力"是依托阿里巴巴集团的五大基础能力设计的。我们常说"内容即营销",工业互联网和消费互联网难度系数高,重点在于对产品的描述,如果没有清晰的产品描述很难做到精细化。通过整个平台的能力使得 MR 内容展示成本降至品牌商的三分之一到十分之一,是技术发展的方向。

"八大能力"背后全部是依托整体生态做的。交易支付,支付宝最早的蚂蚁金服的服务能力就是围绕着支付一套完整的体系构建起来的。电子合同,在区块链支撑下可以快速的上链,你所签的任何一个合同有纠纷的话,互联网法院、互联总仲裁可以时时发送传票。这是非常重要的基于整体的物联网构建的一整套,是我们的基础能力。

"六大入口",阿里巴巴经济体的布局,包括淘宝、天猫巨型 B 类的入口支撑着整个互联网的发展。"生态闭环"是阿里巴巴的理念,我们希望把整个大型生态系统为任何一个供应商、品牌商、经销商所用,快速形成完整的生态闭环。整套方案可以帮助用户品牌资产化,整体专业服务普惠化。为什么能够形成生态闭环?需要依托数据智能和网络协同效益,这也是阿里巴巴 B 类商业操作系统最核心的理念。

举些例子,巴斯夫手套,从最早的消费者需求一直到生产线,制造出来只用了 22 天,效率提升非常快;施耐德电器也是如此,应用了整体"1＋N 模式",且有非常好的管理和激励方式,这是线上线下整体经销商网络部署的整体方案;还有一些用互联网思维经营的传统工业品牌,如三乐之前没有自己的品牌,在"八大能力"的基础之上,第一次打出自己的品牌,利润率较之前提高了 3 至 5 倍。

我们开源、提效和降本,还完成了从大企业到大企业智能匹配体系的转变。希望大家能够跟我们一起共同创造属于自己的生态。我们有联合计划和生态联盟计划。我们今年第一次和工博会主办方合作,展会本身就是一个营销。我们第一次让线下工博会和线上工博会进行一体化联动,线上工博会从上线至昨日流量已突破 14 万,效率大幅度提升。我们给予品牌商智能展会工具,参会品牌商每家都得到 100 个以上的有效例子,这就是源于"八大能力"所依托的完整生态系统。

协作、互联、智领未来
——中国机器人产业发展

推进产业链协同发展，构建科技创新体系

上海市经济和信息化委员会副主任　张建明

　　机器人作为先进制造业的关键支撑装备，是改进人类生产生活方式的重要切入点。习近平总书记在两院院士大会上曾提到，机器人是："制造业皇冠顶端的明珠。"2015年以来，在国家政策的有利引导下，我国机器人产业迅速发展壮大。当前，我国机器人产业不断区域化、国产化，创新型企业不断涌现，上海机器人产业规模位居全国第一，ABB、安川等国际四大工业机器人巨头汇聚上海，机器人产业已成为上海推进科技创新、发展智能制造、提升高端装备的核心领域。下一步，我们将根据上海市智能制造三年行动计划的目标，进一步支持上海机器人产业发展壮大，力争三年内实现智能制造装备产业规模超过1 300亿元，其中，机器人及系统集成产业规模突破600亿元。借此机会，提三点想法与大家共勉。

　　一是要聚焦短板弱项，夯实技术基础。与欧美发达国家相比，我国的机

器人产业还存在着一些短板,比如基础研发能力不足,核心零部件依赖进口,利润率普遍不高。接下来,一要加强基础理论研究,相关单位要从基础理论研究出发,不断补齐短板,以理论指导技术升级;二要加强核心零部件研发,聚焦卡脖子领域,以十年磨一剑的精神,减少对国外技术的依赖;三要加强与人工智能、5G 等信息技术的结合,上海正在推动人工智能技术发展,机器人就是人工智能技术实体化和实有化的结果,要不断加快机器人与人工智能应用场景的融合,加强科技前瞻布局,推动人工智能与机器人产业集聚发展。

二要优化支撑体系,营造良好生态。1. 要扶持重点企业成长,全力培育、引进一批龙头企业,对具有发展潜力的初创性企业提供全天候服务,鼓励更多的好企业登录科创板。2. 要加大知识产权保护,完善知识产权保护制度,激励科研工作者创新精神。3. 要加强人才梯队建设,大力培养和引进优秀的行业人才,鼓励企业与高校开展人才培养合作,壮大机器人产业的人才队伍。4. 打造长三角机器人产业生态系统,借助长三角一体化高质量发展,推动上海机器人企业走向长三角,鼓励产业链上下游企业加强合作,联合推动制造技术与信息技术的集成创新。

三加强功能性平台建设,推动机器人应用示范。1. 组建机器人技术联合攻关平台,形成以企业为主体、以产学研结合为抓手的联合攻关平台;2. 要探索设立机器人产业基金,发挥数字经济、创业投资基金杠杆作用,吸引社会资金、金融资本加大投入;3. 建立机器人应用示范区,实施应用示范工程,发挥龙头骨干企业示范带动作用,加速机器人在各行各业的推广应用。

总的来说,要积极推进机器人产业链协同发展,在机器人基础理论、关键共性技术、软硬件支撑体系上开展工作,构建开放型的机器人科技创新体系,推进机器人发展,强化创新链和产业链的深度融合,以技术突破推动应用和产业升级,以应用示范来推动技术和系统优化。

展望未来,机器人能够像人一样具有记忆、推理和决策能力,成为我们忠实的助手和亲密的朋友,也希望我们一起努力,为制造业高质量发展做出更大的贡献。

以技术创新引领发展

上海市机器人行业协会常务副会长　张铭志

　　据国际机器人联盟统计，目前在全球制造业领域，工业机器人的使用密度已经达到每万人 85 台，全球工业自动化进程仍在稳步加速。2018 年，中国、日本、美国、韩国和德国等主要国家，工业机器人的销量总计超过全球销量的四分之三，其中，中国是工业机器人密度全球增速最快的国家，也是目前最大的工业机器人销售和应用市场。工业机器人正在向轻型化、柔性化、智能化发展，人机协作不断地走向深入，应用场景更加丰富、更加广泛，全球机器人前沿技术正在迅猛发展，技术创新趋势主要围绕人机协作、人工智能和仿生机构三个重点在展开。

　　上海素有"机器人之城"的说法，集聚了国内外知名机器人企业，五年多以前，上海市机器人行业协会率先成立了第一家省级的行业法人组织，该组织成立最初就是以"搭建平台、服务会员、增进合作、推动发展"作为宗旨。搭建企业与政府、企业与市场、企业与社会的桥梁，为机器人企业发展、为传统制造业升级需要、为社会服务需求、为政府产业政策研判提供基础的参考。近年来，上海的机器人事业在国家智能制造和上海产业规划战略指引下，行业企业主动抓住机遇，不断创新和开拓进取，取得了快速的发展。随着下一步中国经济高质量发展的总体要求，一大批传统制造业的升级改造为机器人提供了广阔的空间，同时，协会也将推进机器人行业的标准化、质量管理等工作，整体提升行业的品牌和质量管理水平。

在此基础上，上海市机器人行业协会将充分发挥去年与江苏、浙江、安徽等省共同成立的三省一市长三角机器人与智能制造合作组织等平台的作用，推动长三角区域内的产学研结合，以及人才、资金、市场的联动，放大以上海为龙头的长三角机器人联动发展效应，引领中国机器人从研发到市场的产业链高质量发展。

我们欣喜地看到，在我们身边已经有不少生动的案例，比如节卡机器人的研发、贸易中心在上海，而生产中心在江苏常州，爱仕达机器人更是实现了整体的联动。还有更多的例子。我们很高兴地看到在整体经济下行的压力下，长三角制造业充满了希望。

随着信息技术快速发展和互联网快速普及，依托人工智能技术并与提高人民生活质量相关的服务机器人迎来了发展的黄金时代。同时，近年来已开展特种机器人技术研究与开发，部分核心技术也取得了突破，无人机、水下机器人等领域已经形成规模化的产品；与城市发展息息相关，战略性发展产业需要的特种机器人市场也进入蓄势待发的重要时期。无论是工业机器人、服务机器人、特种机器人，都跟另外一项技术关系紧密，那就是人工智能。机器人技术与人工智能的关系就好像是一双筷子的两根，互相协同才能更进一步的发挥好各自的潜能和作用。

在世界人工智能大会上，上海发布了建设人工智能上海高地，构建一流创新生态行动方案，做出了建设人工智能上海高地，构建一流创新生态的战略部署。这个部署是站在国家层面的战略定位，把人工智能作为上海抓住全球新一轮科技革命和产业变革的机遇。6月份，上海发布了上海市智能制造三年行动计划，上海将进一步深化5G、人工智能、互联网、大数据和制造业的深度融合，机器人作为这些新技术的应用结合体，是人工智能创新生态链不可或缺的重要环节，也理应走人工智能等技术场景应用和落地的路，并走在前列。

机器人进入智能时代

新松机器人自动化股份有限公司总裁　**曲道奎**

非常高兴再次来到工博会,来和大家分享机器人发展的最新进展。"机器人"被称之为"机器人"而不是"机器",原因是在于它有智能。假如机器人没有智能,就会被称为"机器"。

首先,我们谈一下机器人智能的进化与发展。人工智能被赋能到机器上,实际上是为机器增加了智能,因此被称为机器智能或是机器人智能。我们来看一下机器人的起源,机器人有非常大的特点,它既不是诞生在实验室,也不是诞生在企业,而是诞生在一部小说里。从起源开始,机器人就不是一个技术或产品,而是一个新的物种。当年我们对机器人有一个非常担心的地方,就是担心人变成机器、机器具有人的智能,今天这两个担心都成为现实。从最初机器人诞生的时候,就有三大定律,来约束机器人相关的行为和规范。

谈到"智能",什么是"智能"? 智能实际上可以分为两部分,一部分是智力,一部分是能力。智力是认知活动的某些心理特点,能力是实际活动的某些心理特点,二者合而为一,我们称之为"智能"。从"智能"来讲,加德纳提出了多元的智能理论,分别是语言能力、逻辑和思维能力、空间能力、运动行为能力、音乐能力、交际交往能力和内省能力,这是人的七大能力。机器人不是完全复制人的七大能力,机器人有四大能力,分别是行为、运动、交互和决策。为了拥有这四大能力就有了五大技术,分别为感知、行为、决策、交互和安全技术。

技术上的突破和融合,带来智能的提升。今天的机器人,从大数据到AI、IOT、云计算,包括 5G 的连接,是多种高新技术的深度融合。正因为这种融合,才使得机器人由"机器"真正向"人"转变。机器人的发展经历了三个阶段,第一阶段最原始的是机器行为,即"自动化",第二阶段就是现在的"智能化",第三阶段就是未来要发展的"自主化"。

现在我们处在什么阶段呢?处在"机器"向"人"转变的关键点,在这里智能是主要的催化剂。机器人 1.0 时代,机器人更多的是机器,它是人类的工具和手段,包括传统的工业机器人。今天的机器人进入新的阶段,是人类的合作伙伴,要实现人机协作共赢。机器人也有了新定义,原始的机器人就是一个机器设备,今天无论是范畴还是机器人的属性,已经发生了全面的变化。今天提到的机器人和过去的机器人完全是两个概念,虽然名称没改变,但内涵完全改变了。

机器人智能现在发展到什么程度?按照三个层次,计算智能、感知智能到未来的认知智能(包括思维、决策等)来看,今天的机器人已经发展到了中间阶段——感知智能。为什么机器人能做到人机协作,能在工厂自主作业?因为机器人进入感知智能阶段,第一发展的是机器视觉。由于机器视觉的实用化,编程的高端机器设备现在变成自主、半自主具有一定智能的机器人。第二是机器力觉,机器力觉使检验检测具有可能。第三是感知系统,包括超声、激光、交互技术(语音、手势),还有自主决策(避碰、避撞),感知是让机器人真正往智能迈进的支撑。

在智能制造中需要哪些机器人智能?没有智能支撑不了智能制造。看一下智能制造大的变化,包括决策、信息、仓储、物料、制造工艺等,这是智能制造对机器人的要求。大家会发现,我们用传统的机器人满足不了这么多的要求。现在新的智能制造需要机器人的智能来支撑,即需要智能机器人来支撑。世界各国都把机器人作为未来战略,这个机器人不是传统的机器设备,而是新一代的机器人。

新工业革命需要机器人来作为大的支撑。前三次工业革命的生产要素是什么? 是"机器 + 人"。第四次工业革命,把" + "去掉了,变为了机器人。人有挤出效应,需要万物互联互通,现在人在里面已经成为一个绝缘体,根本不可能互联互通。

新松机器人也是机器人产业的龙头,新松机器人在工业这块做了 6S,形成了它的智能,包括机器视觉、力觉、数字孪生、专家系统、智能 MES 系统、智能平台。视觉实现了定位,力觉、数字孪生实现了仿真、规划、设计,专家系统、MES 系统实现了整体管控,IPL 即在大的智能化平台中各种应用场景、数据深度融合。

举几个具体的案例。如今企业制造几乎完全机器化,中国的 113 个行业现在已实现全面的机器人化,四大工艺全面机器人化。包括重型机器人制造、家电制造、建材、陶瓷、卫浴、玻璃、木制品、3C 等。这些说明了什么呢? 机器人角色发生了变化,机器人真正成为了未来的主流。过去,机器人在制造中不是刚性需求,是可有可无的。工业 3.0 之前,都是"人 + 机器",很多工作都是由人来完成。现在,工人往机器人转变,机器人具备了各种感知、智能。另外一点是工业智能,新松发布了非常大的工业软件平台,整合了全球资源。现在我们有一个软件平台和一个硬件平台,提供了一个完整的工业控制平台。新松从芯片到编码器、驱动器、控制器,将整个硬件平台打通了;从操作系统到编程系统、到顶端的数字孪生,将软件平台打通了,打造了非常大的工业智能平台。

新场景中的机器人智能,对中国来讲是一个重大机会。公共服务这块,包括场景视觉、路径规划、三维重建、情感识别等;医疗这块,包括手术辅助、健康数据管理、医疗图像分析等,这是 AI 和大数据的结合。另外,在康复领域我们需要各种感知系统,也需要学习、决策、诊断等。养老健康,这是中国未来社会一个大的问题,机器人的出现让我们看到一线曙光;教育和娱乐领域,机器人智能将颠覆我们的教育场景。

未来,机器人智能可以说是无所不在。一切都将是智能的。智能是什么？AI、大数据、IOT、深度学习决策，此外，还有人机共融的社会，安防、教育、养老、康复、交互等。值得一提的是，现在有一个非常好的机遇，就是5G＋云计算。因为它的出现，很多大的机器人问题现在迎刃而解，大数据量、高速传输、小时延等过去我们实现不了的，现在完全可以实现。

最后简单说一下现在机器人智能已经发展到什么程度了。我们有一个生产机器人的数字化工厂，里面用到了 IOT、云端 BD 等。如今的工业生产和过去工业生产完全不一样，现在使用的协作机器人，它原本不知道瓶子在什么地方，先到哪里，后到哪里，但现在通过视觉来识别，通过力觉来区分，它知道哪一个瓶子在哪一个位置，然后自觉地来规划。之前机器人按照结构环境规定的程序来进行作业，现在完全可以在非结构环境下来作业。阿尔法狗（AlphaGo）可在虚拟环境下完成学习决策，但机器人既要学习，又要决策，更多的要行为，就是要把球打过去，还要控制用多大的力，决策需要打到什么位置。实际上对于这一块，现在的机器人已做到第三代，业余选手已经打不赢机器人了。

5G+工业互联网　全集成生态引领智造

富士康工业互联网有限公司副总裁　王　宇

今天,我要从两个不同维度来谈这个主题。一是新技术,就是 5G 这个比较领先的通讯技术、网络技术对产业的影响;二是技术融合的新业态和工业互联网,当这两个业态加在一起时,对整个产业的生态会产生什么影响,在引领智能化发展过程当中会发生什么变化?

先从技术维度看,第一是连接技术,第二是自动化技术,第三是人工智能,也就是把软件中的一些算法用到工业当中。这三大技术的影响中有一个非常重要的点,就是工业中的数据变多了,设备和设备连接之后产生最大的价值就是数据协作。过去的工业是由工具＋经验,就是大规模工业中有管理,经验决策驱动整个生产往前发展。技术加入之后往两个方向走:装备开始智能化,决策也开始智能化。

我来自富士康,富士康是工业制造的老兵,在制造业干了 40 多年,在中国大陆也经历了一次制造的演变。富士康工业互联网是在 2013 年开始筹建的,2018 年正式在 A 股上市,在这个过程中,富士康由过去的制造代工向智能制造的赋能者进行转变,我们将自己定位为无忧制造赋能专家,智能制造是技术维度,无忧是生产者的期待状态,产业之间的协作将让无忧场景变得更安心。协作机器人产生后,人机协作场景越来越多,通过技术手段进行安全锁定,富士康的定位就是无忧。过去,富士康制造了世界上最好的电子类产品,这个过程中积累了很多不同的制造工艺和制造经验。在过去的制造过程中,富士康除了用好制造工具和装备以外,也积累了大量的研发基础。以上这三大能力组成了富士康工业互联网对外赋能的基石。

我们先从第一个故事开始讲起,2018年我们建成了一个灯塔工厂,24小时不间歇地一直在工作,它是一个电子设备生产厂,生产效率大幅提升,人工部分降低了92%。因为生产流程全自动化,我们可以从这个场景当中看到非常科技的,过去可能只能在影片中会看到的场景,现在真实地出现在我们的工厂内。

从这个场景中,富士康归纳,如果要做一个赋能者,要让整个产业由技术的单维度革命,到整个产业赋能的更大幅度的转型升级,必须要看到四个业态:一是连接技术;二是平台的运营和协作;三是在人工智能上把工业中的宝贵经验、工艺传承下来,以及通过对设备精准的预测和利用来进行诊断的智能模型;四是生态,中国是制造大国,中国在制造领域取胜和产业集群、和这个生态有很大的关系,这个竞争力对中国非常重要,在智能制造过程中我们同样需要有非常大的生态。

接下来,我从几个维度跟大家来介绍一下。

首先是技术维度。在工业数字化中,网络化非常重要,在过去的工业生产中,经常要联网拉线,原因是工业中需要高可靠性、低时延、大量数据传输,这几点WiFi不能满足,所以,5G让人有很多期待。整个富士康打造了边、物、云这样的组合结构,来满足不同层级工业技术的应用。

目前在富士康的很多应用案例中,已经将工业移动网私有频段的4G技术广泛应用于工厂的连接,过去我们不方便拉线,就把4G做成私有的移动网频段,它是免费频段,所有的工业网络跟外面的互联网是隔离的。刚才提到安全,信息安全是非常重要的维度,私有网从物理上、技术上有可靠的保证。现在我们正在打造的是5G部分、市场化的部分,我们预测2022年到2026年将是高速成长期。

　　5G 可以连接什么东西？加工设备、内部的场域网，这些对数据量非常高密度应用的场景都会用到。当数据连上去之后，数据需要大量的算力进行计算，还要把它转化成可以让更多工业受益的模型和软件来将它实施下去。富士康打造了一个新的 APP 生态——专业云。目前我们打造了 12 个，有不同的模型：有机器人的，还有基于数控机床的，也有针对注塑的或针对焊接的。在不同的领域，专业云的价值都比较高。未来基于场景的开发应用，它将赋能整个制造业。把富士康灯塔工厂中的宝贵经验赋能出来，是我们要做的第二步，即将过去场域当中的数据变成可以赋能的模型和软件。富士康有 8 万台工业机器人，有 17 万的 CNC，大量设备的生产给我们提供了宝贵的数据。

　　对于中小制造者，我们也会用工业互联网平台这种公有云的订阅模式来提供服务，包括生态连接。目前富士康的工业云平台也在我们自己的内部和场外的合作伙伴中有应用。以上就是富士康在技术架构上围绕 5G +工业互联网、工业数据、人工智能的模型打造的架构。

　　接下来介绍一下机器人的架构。富士康有各种各样的机器人，我们因此打造了 OPC UA 技术，通过云端对数据模型进行建模和分析，再把数据模型下发，形成一个闭环流程。数据是在本地的，富士康将模型从云端下发给你。我们也在自己的场域中做了一个示范，就是 5G + 机器人焊接的架构，在这个架构中，边缘用了网关、机器视觉把影像传输回去，在云端进行远程管理。再通过 5G 网络，达到更好的实时反馈，满足工业当中的确定性和稳定性。5G 给应用提供了帮助，一是提供了海量接入的支撑，二是保证了确定性。在影像传输中应用 5G 的高带宽，可进行一些模型的计算和判断。

　　5G 在技术维度的制造场景中带来了什么样的变化？当我们把这个技术维度拉到整个产业链层面来看，当所有的设备相连、数据相连相通之后，产业会发生什么样的改变？第一个是实现了自动化生产，第二是在整个生产过程中，数据链条将从生产的环境到管理的各个环节进行打通。当数据可以跟外部供应商相连的时候，产业就由过去以生产为中心变成以客户为中心、以整个市场的生态运营为中心。这就是为什么工业互联网给大家很大的想象力，现在大部分企业都在按这个思路来做。

　　富士康基于自有基础和设备数据模型,做了打通全产业链的新的商业模式。大家可能不知道,富士康在做手机机壳的时候曾经遇到过很大的问题,就是不锈钢的加工。我们从材料部分开始积累,后面通过工业大数据模型对刀具进行诊断,最后形成了一个闭环。从材料部分到数据截取,到最后的回收,这是一个新的商业闭环。

　　富士康刀具生产,包括基础研发、智能制造、工业互联网,以及科技服务。从材料开始,刀具加工、刀具涂层、刀具应用的过程形成一个闭环。目前富士康的刀具制作锁定在高端刀具上面,比如说航天航空和汽车制造业的加工。

　　我用一个流程让大家重新对这个过程有一些理解。对一个刀具的研发人员来说,设计是非常重要的环节,我们首先按照规格要求进行设计;在刀具的加工过程中,再根据设计智能调刀;刀具设计出来之后投入使用,我们会对客户端的加工数据进行采集分析,再根据刀具的健康状况进行判断是不是该换刀了,然后通过线上来下单。工业互联网通过数据的链条,打通了从刀具最开始的设计到最后的闭环全生命周期,通过这个环节让工业互联网的价值实现普惠。这是工业互联网为什么值得期待的原因,它是产业价值链的重塑。

　　我们认为全集成的创新,需要 ABC 的技术,富士康因为有这些案场,可以给大家提供丰富的场景,我们因此将自己定位为全集成的专家。这个全集成专家并不是说富士康要负责天下所有的制造业,而是说富士康将这个过程变成跟生态合作伙伴之间的重要的基石,把过去工具、装备、材料这些硬核,都加上工业软件、工业大数据、工业互联网。富士康过去 40 多年里积累了很多产业合作伙伴,今天我们希望合作,用全集成的概念把不同的合作伙伴一一组合到我们的生态中。全集成是我们对制造业的使命,我们希望用工业互联网作为支撑,赋能中国制造,这是我们打造生态的立足点,为的是让中国制造业的所有制造者一起跟生态合作伙伴进行合作。

　　富士康在过去有很多宝贵的积累,这些积累和我们新的能力进行了组合。第一,我们成立了灯塔学院,就是工业人工智能研究院,里面设立了很多大数据课程以培育大数据人才;第二,我们建立了很多工业云基地;第三,前几年我们在互联网大会上贡献了很多数据;第四,我们在全国各地有很多示范基地,结合工业互联网学院,对一些制造业者进行赋能,为所有产业生态的合作伙伴提供不维度的服务,包括市场资源、人才资源,最终目的是服务中国乃至全球的制造业者,在这个过程中实现共赢,同时推进生态模式。

目前富士康工业互联网在自己的场域中有 7 个工厂,在过去的制造中,我们有很多技术专利,希望能以中国智能制造为起点来赋能全球制造。我们也在不同的国家中将合作伙伴的技术做早研发,使其成为这个平台中可以为整个生态赋能的基石,我们期待与大家一起赋能中国制造。

创新提升　共创未来——长三角开发区开放创新、国际产业合作

"飞地经济"长三角地区跨界合作园区发展

南京大学建筑与城市规划学院副院长、教授　罗小龙

　　什么是"飞地经济"？这是国家发改委《关于支持"飞地经济"发展的指导意见》上的，"打破行政区划界限，创新跨区域合作模式，探索政府，引导企业参与、优势互补、园区共建、利益共享的'飞地经济合作'"。长三角地区大概有超过 120 个跨界的"飞地经济"，主要在江苏、浙江、安徽。

　　今天主要和大家交流五个方面。一是跨界园区的发展历程；二是跨界园区的合作共建情况；三是跨界园区的产业情况；四是跨界园区的合作机制和治理模式；五是对跨界园区现状及发展的思考。

一、跨界园区的发展历程

　　跨界园区最早是江苏省的江阴靖江园区，2005 年，江苏省又推动南北挂钩园区，即苏南先进园区支持苏北园区发展。2015 年，广东借鉴了江苏的模

式,提出了珠三角双转移,其后建立了深汕产业园,现在又形成了深汕特别合作区。2014 年,习总书记提出京津冀协同发展后,从北京转移出一批跨界园区。

跨界园区的发展大体经历了三个阶段。从 2003 年至 2008 年,《国务院关于进一步推进长三角地区改革和经济社会发展指导意见》发布,前期探索主要是在江苏;2011 年长三角探索开始在浙江进行,2012 年在安徽进行,跨界园区进入了快速发展阶段,跨界园区增长非常迅速;2017 年,国家发改委出台了《关于支持"飞地经济"发展的指导意见》,之后园区合作出现了很多新形式,也出现了制度上的探索。这是大体的情况,可简单概括为,江苏带头,浙皖效仿。安徽通过皖江城市带承接产业转移示范区;浙江开展结对合作,2011 年开始搞山海协作,2017 年山海协作又有了新的版本,并在此后谋求创新。

为什么会有跨界园区,合作的动因是什么? 我觉得有几方面原因。帮扶援建,富的地方援助穷的地方;产业转移,如上海在苏北地区、安徽建了很多园区。

二、跨界园区的合作共建情况

跨界园区合作共建情况。2008 年以前,除 2003 年至 2007 年合肥有跨界园区之外,大部分跨界园区都集中在江苏苏北,特别是徐州、淮安和宿迁。2008 年之后,在苏北跨界园区加密的同时,安徽的南北结对合作开始了。2010 年《长三角区域规划》发布,与此同时,皖江城市带建设了很多产业转移合作园区。浙江发展西南山区,开始山海协作,浙北地区支援浙南地区,浙南地区出现了很多跨界园区。2017 年之后,共建园区主要出现在浙江,不光有山海协作,还出现了很多产业转移园区,浙北城市转向浙中城市。

总结长三角跨界园区,大概有三种情况。一是跨省共建,上海是最典型的,上海牵头产业转移,沪苏共建居多;二是省内转移、南北帮扶,如安徽南北合作结对、浙江山海协作;三是政府、企业共建,如苏州工业园的投资公司到滁州建工业园、波司登到高邮共建。江苏、安徽、浙江大约有四十多个产业转移园区。上海到江苏建了 12 个园区,到安徽建了 6 个,到浙江建了 3

个,这还是不完全统计。

共建产业园区的发展状况。我们对江苏的数据做了比较系统的研究,江苏共建产业园区对苏北经济的拉动非常大。从 2005 年开始做产业共建园区,至 2014 年苏北园区的经济飞速增长。2017 年,江苏的"飞地园区"工业产值销售收入六千多亿元,企业增值超一千亿元,地方财政预算接近 150 亿元,实际到账外资 11 亿美元,共建园区为苏北发展注入了强大的活力。关于浙江的情况,我们统计了 9 个山海协作园区,面积共 50 平方公里,基建投入 142 亿,完成工业产值 275 亿,实现税收 9 亿。安徽的情况主要分成两部分。一是吸引长三角 16 个市的产业转移,当时做了皖江示范区,发展也比较快。皖北的结对园区与江苏和浙江比有一定差距,但也达到了财政收入 36 亿元,税收 13 亿元,固定资产投资 236 亿元。这是江苏、浙江、安徽的总体情况。

我也列举了一些典型园区,可以发现,富地方支援穷地方的,园区业务收入都在 200 亿元以上,但是弱弱联合,像阜阳合肥产业园、亳州芜湖产业园发展就比较缓慢。试想芜湖自己还没"吃饱"怎么去"喂"亳州?弱弱联合就会出现这样的情况。

三、共建园区的产业情况

共建园区的产业情况。江苏最早开始做共建园区,"飞地园区"产业发展质量比较高,在新能源电子、新材料、装备制造、机械制造领域发展质量都比较高;安徽层次稍低一些,除了装备制造、机械加工外,其他的矿产资源、汽车零部件、物流、纺织发展质量相对较低;浙江共建园区的产业情况居于江苏与安徽之间,园区培育的产业大都为服务业、高新技术产业、电子和生物医药,产业都有向高端化发展的趋势。不难发现,园区发展水平各有差异,江苏是最好的,其次是浙江,然后是安徽。

根据共建园区的情况发现,园区共建的效果比较好,带动了区域经济发展。实际上,最早推出南北挂钩、山海结对都是为了解决区域经济不平衡发展的问题。

四、共建园区的合作机制和治理模式

共建园区的合作机制和治理模式是非常复杂的。第一种产业援建的合作机制是有上级政府帮扶的；第二种产业援建机制是投资方基于利益的考量，寻求利益共赢，就像新加坡到苏州建苏州工业园，苏州到南通建苏通工业园、到滁州建苏滁工业园，还有上海去苏北投资合建工业园。

园区的共建治理模式可分为封闭式共建、依附型共建、企业化共建、虚拟共建和市场化共建。还有一些特别的东西，比如"飞地"变成了"飞"地就是真正飞走了。像深汕合作区以前是汕头的地方，从今年开始被正式命名为深圳市深汕合作区，归深圳管了，"鸡飞了蛋没打"，园区还在继续发展；再如辽宁的长海和普兰店，长海到普兰店买了四平方公里土地去建开发区。

园区的治理模式。第一是封闭式共建模式。主要由发达地区主导，封闭式运作，有紧密的协调联系，通过园区的投资开发公司运作，是具备独立运作能力的封闭独立运作园区。这不仅是产业的转移，也是管理水平的转移。很多朋友都说，苏北的管理水平很差，效率很低，苏南地区给他们带去了新理念，这是真正的帮扶。第二是依附型共建，就是依附发达地区，这种模式比较松散。根据调研结果，这种模式发展状况并不是特别好。第三是企业化共建模式，双方共同成立投资公司。这种模式运作效果还是不错的。如上海的漕河泾工业园。第四是虚拟共建模式，典型案例是浙江平湖，去年各方签了个协议建一个园区，但彼此还是各干各的。第五是市场化共建模式，就是政府和企业合作。这种模式相对来说权责比较明晰，共建效果很好。

长三角还出现了一些新的现象。一种现象叫"逆向飞地园区"。以前是富的地方到穷的地方建园合作，现在是穷的地方到富的地方来。比如，浙江有很多的县市到上海来搞企业人才孵化飞地、淳安跑到杭州建园区。另一种现象叫"飞来飞去园区"。如上海和温州合作，在上海设立了科创研发园，到温州去建制造业深度融合发展示范区，实现整个产业链条的合作。

五、对跨界园区现状及发展的思考

第一，共建园区一定要是"强弱联合"。长三角园区共建中，"强强联合"

的模式我们没有看到,但"弱弱联合"像安徽那种结对合作是很难实现很好效果的。

第二,共建园区合作制度一定要有创新。二十年前,我们就提这个事情,现在还在提,国家、地方都有这个需求。2003 年江阴没发展起来,过了15 年,靖江新城都已经建起来了,江阴还是没发展起来。靖江说我有土地,为什么让江阴发展呢? 当年没有江阴我照样能把靖江做成。这是合作的机制出现了问题。

第三,飞来飞去的"飞地"将成为区域一体化的催化剂,不仅加速产业转移,促进市场化引领的区域一体化,还促进制度和管理经验扩散,也加速人才和创新要素扩散。

长三角一体化、开发区建设和
产业协同创新的方向选择

复旦大学产业与区域经济研究中心主任、教授 范剑勇

    我的演讲内容主要分为三部分,一是长三角一体化的意义及背后的制度基础;二是和开发区联系在一起,从产业一体化视角,考察地区间产业协同创新;三是基于国内外案例,从科技创新角度,探索长三角一体化产业开发区未来发展方向。

一、长三角一体化的意义及背后的制度基础

    为什么长三角地区发展这么被看重? 一体化的本质是什么? 这背后有很强大的制度基因。我国实行分税制,中央与地方之间税收分税,发达地区的制造税收基本为中央税。中国的制造业主要分布在长三角和珠三角,长三角的制造业主要分布在无锡和苏州。

    在这样的情况下,长三角沿海地区制造业的税收被拿走了,长三角自己怎么发展? 所以它背后要推动城镇化。2002 年之前,我国城镇化机制是以

地引资借贷,就是以工业用地低价出让建设工业园区来发展制造业。2002年以后一直到 2008 年,加了土地财政。所谓土地财政是由于在沿海地区,特别是珠三角、长三角制造业税资被拿走后,本地不知该如何发展,中央就把土地出让金和发展房地产基础上的税费收归于地方,这就是土地财政的产生。

引资加上土地财政双轮驱动,2002 年开始,国有商业银行、开发商的土地从协议出让一律改成招牌挂。这时地方发现,通过饥饿营销来供应住宅用地可以最大增加收入,还可以获得大量的土地出让金和房地产发展基础上的税费。

上海、北京、广东、江苏、深圳等省份上交的制造业税收支撑着中国其他地方的财政,使得整个宏观经济稳定、国家经济基本运行,没有这个模式,整个宏观经济就会趴下。

二、开发区建设和产业协同创新

必须把长三角一体化做好,现在中央的意图是在已有的很好基础上再提升一步,把长三角一体化上升为国家战略。比如在上海没有地了,但在嘉善、G60 等其他的地方还有比较充裕的土地指标,各区域之间协同,把上海和其他中心城市低端制造部门转移到非中心城市。这时候区域之间会形成产业之间的协同,或者垂直一体化。

长三角一体化的内容包括交通、能源、产业、信息、环境、公共服务等,通过土地指标互匀与垂直型一体化的策略建设高质量的制造业实体,然后以税收支援全中国。

垂直一体化,分成几个阶段。第一阶段是传统制造业的集群机制,通过上下游产业链的分工和丰富来支撑小商品集中在小块的区域里,这在浙江叫作"快消经济";第二阶段分布就发生了变化,随着区域之间的一体化水平提高,很多企业发现在小地方发展没有人才(管理的人才、研发的人才等),需要把研发、营销放到大城市,放到上海、杭州、苏州等地方,在本地只保留实体制造车间;在上海没有地,必须要把低附加值的生产部门转移到中小城市以及周边城市。这就有了天然的合作关系,也包括"飞地";同时,中小城市很多企业在上海等大型城市设立研发中心，因为中小城市缺少人才。如果放到国际视野，很多国家的大企业也会把研发中心放到欧美、以色列，因为那里有人才，研发的水平都是跟着人才走的。"飞地"都是以更高的视角、更大的格局来看，像嘉善虹桥商务区就有国际创新研发中心。

再看一个例子，这对上海和周边腹地的城市有启发意义。东莞和深圳形成的前店后厂关系。东莞集中了530万的产业工人，95%电子终端配件在1小时之内可以配齐。没有东莞的支撑，深圳怎能成为全球性的标杆城市？深圳的高校在校人数不及上海、北京，国家重点实验室也不及上海、北京，所以它是市场化引起的科技型创新城市。从0到1的创新不在中国，中国的技术都是从1到N。深圳在全球创新网络中仅仅是1到N的技术应用创新，原创新还在欧美、以色列等地区和国家，它的产业链在东莞，需求是全中国或者出口。深圳正在创建各种各样的国家级实验室。从深圳的案例我们可以看到上海和长三角产业分布、开发园区建设的方向。

我们认为，随着长三角一体化推动，上海和周边中小城市的垂直一体化会出现，上海的科创中心也可能发挥作用。同时，我们认为上海其实缺少一个支持创新的基金，上海人的文化就是买卖文化，而深圳是草根创业。上海的基金都是央企、欧美的基金，稳健投资，不支持中小型、科技型的创新企业。很多朋友在上海做科技创新企业，过了两年就跑到深圳去了，因为融不到资。这对上海也是很大的制约。

三、若干案例对长三角开发区建设的启示意义

首先是以色列的案例，大家知道以色列的贸易模式就是出口0到1的关键性原创性的技术，以色列本身是没有资本的。2018年全球26个城市参与了以色列的高科技公司项目孵化投资，其中美国投资了20.48亿，中国投资了2.66亿。在这样的背景下，以色列有非常强大的研发能力，它的研发投入占GDP的4.8%，教育支出占GDP的10%以上。

在这个背景下，它的模式是把技术做大，然后把这种技术用到上海、用到中国，建立中以产业园区，就像江苏省的常州中以产业园；把高科技项目转化之后卖给跨国科技公司。技术跟资本相互配合就是产业间贸易。

在中国,华为、阿里巴巴、腾讯等也在建立这样的研发中心,把研发的项目应用到阿里巴巴或者华为自己的项目上,比如支付宝的二维扫码就是用的以色列技术。

深圳的案例一开始不是自主创新,纯粹是承接全球制造业微笑曲线最底端的加工贸易,然后出现了像任正非那样企业家中的少数分子,有非常高的远见,他要自主创新,试图摆脱扩大以后被美国卡脖子的情况。深圳通过自主创新,从价值链的低端往高端爬坡,再辅之以高效产业政策的引导,加快了爬坡的速度,变成一个全球标杆性的城市。

再来看嘉善,它在虹桥买了一栋楼,建立了虹桥嘉善国际创新中心,孵化上海大学复合材料研究中心等,孵化成功后回到嘉善去生产。同时也在荷兰搞了一个境外跨国的"孵化飞地",这个"飞地"还没有突出研发人才的应用,仅是招商引资的作用。

这些案例对我们长三角开发区科技创新的意义是什么?

第一,科技创新究竟是采取 0 到 1 的原创性的技术创新还是 1 到 N 的应用性技术创新,这是我们要思考的。

第二,类似以色列,我们是科技产业和资本融合的产业贸易,还是像阿里巴巴这样的公司一样到以色列进行产业贸易,这是我们需要思考的原则。

长三角各个中小城市的孵化器、开发区建设异地孵化项目不能局限于上海,眼光要更高更远,应该到国际的技术原创中心区。我们之前访问台州某制药的老总,他说他的产品中原创的技术只掌握在国外少数几个专家教授手上,在国内没有一个人掌握这个产品的原创技术。他们的目标就是盯着这些国外专家的助手,把他们的助手引到中国来试验,成功以后再去生产。

临港集团创新发展新思路

长三角开发区协同发展联盟主席　袁国华

临港集团作为长三角园区重要的联盟主席单位,我将和大家介绍临港集团相关情况,分享临港集团园区发展的案例,以及临港集团如何通过园区开发助推区域经济发展。

一、临港集团情况介绍

临港集团是上海市国资委下属的一家以产业园区投资、开发、经营为主业的国企。当时企业设立的愿景是做一个卓越的科创园区,成为卓越的开发企业,使命是成为产业的推动者和城市更新的建设者。

现在上海市委市政府给了我们三大任务,一是临港新片区建设,二是长三角一体化协同发展,三是上海科创中心,集团也承担了主题承载区和重要承载区的任务。

整个临港集团发展园区布局,从漕河泾开始,几乎跟中国的改革开放同步,漕河泾开发区 1984 年开始开发,1995 年走出去,2005 年建了洋山自贸区,2009 年融入长三角开发,2016 年走向海外。基本上临港集团的板块布局就是深耕临港,立足上海,融入长三角,服务全国,走向海外。

整个园区通过这些年的发展,在上海开发了将近 400 平方公里的产业区,园区员工 40 万人,通过 35 年的积累,已经形成了很多产业集群。比如大家都知道的 2018 年招进的特斯拉于 2019 年 1 月开工,体现了"上海的速度""临港的服务"。这个项目 2018 年 9 月 26 号签约,2019 年开工,建成年产 50 万辆,不过初步还没有这么大的规模。

二、临港集团园区发展案例

开发中比较有代表性的是最早的园区漕河泾开发区,该区现在还是我们集团最核心的资产,现在它的产业能级也好、产业规模也好,都是很有影响力的,今年漕河泾的优秀资产坐落到上海临港。

松江园区也非常有代表性,是我们现在区区合作品牌联动非常好的模式,整个松江的发展速度在上海区级园区当中非常快。我们正在建一个长廊,就是 G60 科创走廊,它长 1.5 公里,总面积 100 万平方米左右,一旦建成,将是世界上最大的科技云廊项目。我们建过中国的自贸区、保税港等,特别是在临港 2003 年建了临港产业区,上周升为临港新片区。

我们的模式对我们发展园区来说是一种经验。比如漕河泾,我们更多做的是公司开发;区区合作,我们更多是和农民的集体资产进行合作;洋山保税区,更多的是跟国外的产业对接创新。临港的模式,当时我们归纳为一张蓝图,通过体现国家战略、体现上海优势、体现国际竞争力,围绕高端制造、智能制造、自主制造来建设。

三、临港集团如何通过园区开发助推区域经济发展

2019 年 8 月 20 号我们正式发布了新片区挂牌,在上海跨了三个行政区——浦东新区、奉贤区、闵行区,新片区总面积达 873 平方公里。总体规划分布实施,上周也发布了 50 条政策,出台了管理办法,新片区正在逐步开发。

整个新片区的定位还是比较清楚的,那就是对标国际上竞争最强的自由贸易园区,更高层次、更宽领域、更大力度地全方位高水平开发,建成特殊

经济功能区。我们这次定了五个"自有"一个"便利",包括投资自有、贸易自有、资金自有、运输自有、人员从业自有,形成特殊经济功能区,将来还在税制、法治上有一系列突破。它更多的是一个现代化新城,围绕开放创新、智慧生态、产城融合、宜业宜居展开。它不仅纳入长三角高质量发展的纲要当中,也作为长三角重要发展的组成部分,支持新片区的优势产业,形成推广清单,带动长三角新一轮改革开放。

在整个新片区,临港集团作为开发主体,基本围绕着五区联动进行开发。

第一个是现代服务开放区,主要搞金融、服务、贸易、会展;第二个是全球创新协同区;第三个是真正意义上的特殊综合保税区,不但有贸易、大宗商品,可能还会实现国际跨境制造;第四个是新兴产业引领区;第五个是做一批高水平的国际社区。这样五区协同发力,和整个长三角形成协同发展。

新片区管委会到目前已成立了一个月,明确了临港集团的主体地位。我们也出台了管理办法,一些有关金融的、产业的细则也将出台,到年底基本会形成整个新片区的政策体系,能够更好地支持它的发展。

下面跟大家介绍长三角的案例。

第一,我们在 G60 做了科创桥头堡,和九个城市围绕 G60 进行创新走廊连接。现在我们正进入 3.0"一廊多河"的时代,已完成 84 亿的投资,成为长三角一体化非常好的标杆,目前也正在做产业提升。

集团在长三角当中的浙江、江苏都做了探索,如在江苏大丰建了 33 平方公里的生态城,在盐城建了一个试验区等,最近也在安徽做项目探索,同时跟江苏的很多园区进行产业协同。

整个园区的协同发展,需要围绕产业联动、项目联动、功能联动、园区联动。临港集团有一个非常好的产业集群的龙头企业,可与长三角地区进行产业联动,推动区域布局。目前,江苏布局、浙江布局等都在联动。

还有功能上的联动。集团开发了国家的经开区、高新区、出口保税区、自贸区,在园区方面有非常好的经验,可通过园区方面的挂职交流,通过四个联动来推动协同发展。

第二,一个园区搞的好不好,园区本身的发展很重要。我们当时提出园区要让城市更美丽,就是要有品质。园区要让城市竞争有实力,要让城市更有创新更有活力,关键的是园区要让当地老百姓有福利。我们很多的园区合作模式都是把当地老百姓的福祉作为园区的发展目标。

第三,三大融合构建园区核心竞争能力,包括产业城市融合、产业金融融合、产业学院融合。做房地产的估值只有五到六倍,做园区的人力市场的估值有六十倍,现在我们还保持着六十倍的市盈率。做园区还是得到了资本市场认可。

我们在做大量的孵化、产业化,做园区不但要招项目,到了创新的时代还要培养自己的项目。

第四,高品质的开发是一道亮丽的风景线,只有好的作品才会迎来优质的企业,最好的巢才能引来最好的凤。

第五,服务至上,追求卓越。

第六,做园区关键还是人才,关键还是团队,集团 35 年发展引进了一批非常好的优秀团队和人才,做园区要有非常好的耐心和卓越心。十年磨一剑,一个园区没有十年二十年的磨合是不行的,关键要做好四化,专业化、市场化、国际化、品牌化。

感谢大家对临港集团的支持,我们愿意与大家就长三角的高质量发展、临港新片区的开发建设多交流、多协同、多对接,也欢迎大家到临港来指导,到新片区参观,让我们一起共建共享共赢!

南通经开区融入长三角发展经验介绍

江苏南通经开区党工委副书记　周　健

南通经济技术开发区是中国首批 14 个国家级经济技术开发区之一,于 1984 年 12 月经国务院批准设立,辖区面积 183.8 平方公里,户籍人口 15.3 万,常住人口 29.8 万,地处长江入海口北岸,与上海、苏州隔江相望,水陆空运输体系完善,是南通经济发展的主战场,接轨上海的主平台。南通经济技术开发区获批为长江经济带国家转型升级示范开发区,国家知识产权试点园区,国家生态工业示范园区,国家循环化改造示范试点园区,江苏省利用外资转型发展示范园区,建设了国家级的孵化器众创空间。

近年来,南通经开区抢抓长三角一体化发展的重大历史机遇,发挥靠江靠海、紧靠上海的独特区位优势,把握南通创新区建设契机,实施产业创新、机制创新、协同创新并取得实际成效。

一是发挥政策的引领作用,出台鼓励科技创新政策意见,对企业获批国家高企、建设研发平台、实现科技项目、创设专利技术等工作进行资助。国家级项目扶持比例达到 1 比 1,省级 1 比 0.5,引导企业提高科技创新意识,实现转型升级高质量发展。出台吸引人才的政策文件,对人才项目提供最

64

高 500 万元的启动资金,为人才提供专门的公寓、购房补贴、生活津贴,出台企业上市、文化创业、建筑与发展等扶持文件,每年扶持资金超过三千万元,全力发挥政策引领作用和资金的撬动作用。

二是发挥平台的承载作用,科技创新需要孵化,政府的作用是提供良好的创新平台和创新环境。南通经开区建设了总面积 3.2 万平方米的国家级科技企业孵化器,1 万平方米的国家级众创空间,双创载体面积累计达 85 万平方米,同时整合了全区资源,创建了国家级知识产权试点园区,建设了精密机械、电子信息、大数据、医药健康等产业园区,形成孵化器、加速器、产业园的完整创新生态,大力提高区域创新环境,建设公共实验室、原始工作站、博士工作站,加强使用高技能人才的能力和水平。

三是发挥企业的主体作用,高新技术企业是提升园区创新驱动力的重要力量,是创新工作的牛鼻子。近年来,南通经开区充分发挥政府的主导作用、市场的引领作用、企业的主体作用,多措并举,培育高新技术企业 109 家,2019 年新申报 82 家,培育省级以上高新技术产业五百多个,大力推进企业研发机构建设,形成企业技术中心、工程技术研究中心、工程中心协调发展的良好态势,共建设市级以上研发机构 203 个,实现高新技术企业和大中型工业企业研发全覆盖,大力实施技术改造,2019 年累计投入技术改造资金50.6 亿元,同比增长 15.2%。

四是发挥区域协同效应,与上海交通大学、浙江大学、复旦大学、东南大学、南京航空航天大学等知名学校建立战略合作关系。南通经开区管委会与上海交大飞马旅联合建设上海交大飞马旅南京科创园,全面汇聚政校企各方面优势,建设快速产业化的平台和通道,构建创新创业立体生态服务体系。

此外,南通经开区与浙江大学联合举办创新创业大赛,成立南通求是创新动力加速器,近两年落户创新项目 30 多个,总投资 5 亿元,举办了第三届全球青年大创智能科技专业创业大赛,诞生了黑科技保温杯等一系列的创新产品。

五是发挥机制的成熟效应,贯彻落实中央省市全面深化改革的要求,大力推进不见面审批改革,试行企业诚信信用承诺制,不再实行审批制,大大提高了效率,成立大数据产业发展局,全力推进大数据产业招商规划编制和企业培育工作,引进和培育了阿里巴巴、中兴、华为、携程等知名企业,在地市级中首个建设了互联网国际通信通用通道,与上海签署了沪苏通大数据基础设施和产业发展战略合作协议,将实现与上海的网络互联。

接下来江苏经开区将努力实现共赢。

一是进一步提升产业互动协同创新的水平,主动接受上海全球科创中心和苏南自主创新示范区辐射带动,全力推动开发区与长三角地区创新资源的无缝对接,紧密合作。特别是要充分发挥上海的交通优势,着力打造研发在上海、转化在开发区,创新在上海、创业在开发区的区域创新共同体。

二是进一步提升园区合作共建水平,进一步加强与漕河泾经济技术开发区的对接联系。在干部交流、特色产业等方面合作。

三是提升服务体制机制创新水平,今后我们将进一步拓展企业信用承诺制、不再审批等政策的适用范围,探索将试点从重大产业项目扩大至其他运营项目。

四是进一步对接学习自贸区经验,以南通中保区为主体,更加主动、更加全面对接上海自贸区,更加积极对接江苏自贸区建设,加快复制推广更多创新举措,形成具有中保区特色的制度体系。

长三角一体化发展已经上升为国家战略,让我们精准对接、精诚合作,共同实现经济社会高质量发展。

科技论坛

科技创新强国与集成电路发展
——"院士圆桌会议"

科技创新强国与集成电路发展

主持人：许宁生

院　士：
毛军发　中国科学院院士，上海交通大学副校长，上海市科协人工智能专业委员会主任
刘　明　中国科学院院士，中国科学院微电子研究所研究员
许宁生　中国科学院院士，复旦大学校长，上海市科协集成电路专业委员会主任
杨德仁　中国科学院院士，浙江大学半导体材料研究所所长
干　频　上海市科学技术委员会副主任
邓少芝　中山大学电子与信息工程学院院长、微电子学院院长、光电材料与技术国家重点实验室副主任
叶甜春　中国科学院微电子研究所所长
张　卫　复旦大学微电子学院院长，国家集成电路创新中心总经理
赵元富　中国航天科技集团有限公司九院科技委副主任
张　波　电子科技大学集成电路中心主任、教授

马兴发：

尊敬的各位嘉宾，尊敬的校长，各位院士，各位专家：上午好！今天2019中国上海集成电路创新峰会圆桌会议在这里开幕。

让我们向各位领导、院士和专家的到来表示最热烈的欢迎和衷心的感谢！工博会创办于1999年，今年已经成功举办21届，政府部门之间借此就科技经济和社会发展问题展开深入讨论和对话，从而点燃强大的思想引擎，引领科技创新发展和社会进步。院士圆桌会议始终坚持以院士为主体，以科技创新为核心，以建言献策为价值追求，碰撞智慧火花，成为院士专家发表具有战略性、前瞻性、科学性建议和意见的学术交流平台，成为高层次、高品位、有亮点、有影响力的平台。院士专家的建议得到市政府和相关部门的高度重视，形成了广泛的社会影响，产生较好思想启迪和价值，为推动上海科技进步和经济社会发展发挥了重要作用。

今年，在有关领导和院士专家支持下，上海科协瞄准上海几个重点战略产业，在5月18日，成立上海科协集成电路、人工智能、生物医药三大委员会，很荣幸请许宁生校长担任集成电路委员会主任，他为此开展了多项工作，这次会议选题方向、设计内容、院士专家邀请，许校长全力支持，体现了一名科学家的专业素养和精神。习总书记在上海考察时就提出集成电路发展要进一步推动，这也是国家战略要突破的重要领域，面对新形势新任务，集成电路需要确立新的目标和相关路径，需要科技界齐心协力，共同努力。在座各位都是集成电路中的领军人物，造诣深厚，希望大家能够充分利用今天的交流平台、专题会议，贡献你们的智慧、思想，为上海打造集成电路产业高地出一份力。最后，祝今天会议圆满成功，也希望大家继续关注圆桌会议，再一次感谢许宁生校长对本次大会的支持，也感谢各位领导和各位院士。接下来，本次会议由许宁生校长主持，大家欢迎！

许宁生：

感谢马书记！尊敬的各位院士专家、领导、嘉宾，大家上午好！很高兴来到上海科学会堂，每一次来都感到很亲切，这里确实是科学家之家。今天比较特殊，我们参加的是2019中国上海集成电路创新峰会院士圆桌会议，集成电路是国家,特别是总书记要求上海重点攻关的几个领域之一,这几个领域包括集成电路、人工智能、生物医药。今天参会的毛军发校长,也是另一个专委会的主任,我们两个专委会都是在信息领域的,我们要加强沟通互动,我今天在马书记要求下先"启动"下一个人工智能。

院士圆桌会议已经成功举办了 19 年,19 年来,共有来自中国十多个省市以及香港特别行政区院士近 300 人参加,此外,还有来自欧美国家的院士出席,院士圆桌会议先后围绕科技跟社会发展的多个重点、热点、难点主题,深入讨论交流思想,院士专家们的许多建议得到了上海市委市政府有关领导部门重视,实现了启迪思想、指导实践的宝贵价值,产生了积极的社会影响。今天,市里也来了相关领域的领导,我们也特别感谢,他们听到我们的声音,我们就知道后续会有人重视,社会效应还是要靠政府以及相关机构共同推进。

院士圆桌会议能够持续召开,与院士专家怀着高度社会责任感并积极参与是离不开的。会议紧紧围绕国家、上海发展战略问题展开讨论,在会议主题的策划过程中,我们也认为应该继续坚持选择国家发展、上海发展作为主题,将国家特别关注的重大战略问题作为我们讨论的内容。集成电路技术是人类智慧的结晶,集成电路产业是国之重器,这已多次得到宣传、推荐,也已产生共识。但是,统计数据也表明,我们国家在集成电路方面很大程度还没有超过发达国家,我们在这一块的年进口金额超过进口石油金额,这个比重还在不断变化。

世界十大半导体企业还没有一个是中国的企业,中美贸易摩擦中,美国确实在技术上优势比较明显。这是博弈的过程,我们也看到了最近的博弈背后很多实际跟集成电路技术以及重点企业相关。所以我们这次创新峰会选择了以科技创新强国与集成电路发展为主题,想要从三个方面来进行讨论,一个就是集成电路的技术与发展趋势,另外一个是集成电路产业发展特点与方向,集成电路的合作与自主发展。今天没有请国际友人包括企业界参加,我们每年还有另外一个论坛,涉及集成电路产业,美国等发达国家企业专家也有经常来的。

这次来的是国内专家,这个安排重点是考虑国内,尤其是长三角地区如何发挥优势,实现和北京、广东等的联动。围绕这几个方面,希望在座的专家充分发挥智慧,也希望通过论坛模式集中集体智慧。我们也准备在这个基础上,让大家讨论 2019 年版集成电路技术路线图。

为了更好地推进集成电路产业发展,在国家经信委指导下,上海牵头成立国家集成电路创新中心,运作主体是上海集成电路制造创新中心有限公司,这是在上海指导下由复旦大学牵头,中芯国际和华虹集团共同合作的集成电路中心有限公司。创新中心定位是建设具有独立性、开放性、实体性的集成电路共性技术研发平台,现在还在起步阶段,目标围绕如何提高国际竞争力。这个中心的成立是在大家的支持下搭建的,还有很多方面包括设计软件等其他核心技术正在进行中。

另外,中心以集成电路技术路线图为抓手,学习借鉴国际上的技术路线图,结合国内集成电路技术产业发展现状,编制了 2019 年版的路线图,协同产学研,为加快集成电路产业发展做贡献。今天请来的专家还有国家 02 专项首席专家叶甜春教授;航天微电子领域专家赵元富教授,他对这个方面也特别关注,因为很多卡脖子的技术对航天有很大影响。

在座肯定还有很多行业的其他相关专家,今天圆桌会议得到了很多院士专家的关心和支持,郝跃院士、黄如院士参与了书面咨询,很多院士如李树深院士、吴培亨院士、褚君浩院士也对路线图有书面意见,还有很多没有到场的专家对技术路线图也特别关心,集成电路的前辈邹世昌院士也以视频的形式深情寄语本次大会。(视频略)

下面,让我们首先有请国家集成电路创新中心总经理张卫就技术路线图做个发言。

张　卫:

各位院士、领导,大家好! 我就 2019 年中国集成电路路线图(以下简称"路线图")编纂工作做些说明。国际上一直有技术路线图,最早的技术路线图由美国半导体行业协会制定,被叫作 ITRS。1992 年发布第一版,1994年、1997 年有两次更新,总共发布三版。1998 年,美国半导体行业协会邀请欧洲、韩国、日本等国半导体行业协会共同对 ITRS 做修订。ITRS 路线图主要给出了未来 15 年集成电路演进方案和设想,供大家参考,应该说是为国际集成电路产业提供了很大帮助。

实际上，从 2017 年开始，它不再叫 ITRS 而叫 IDRS，现在叫器件和系统的路线图，未来 15 年，它将不仅讲半导体，而且更多强调技术，对半导体和计算机所需要的技术进行预测。整体看半导体行业发展，有清晰的主线，ITRS 阶段主要按照摩尔定律方向，引领产业界实现更高尺寸、更高集成度、更高价值，其本质就是 CMOS 技术集成度的提高。

对于 IDRS 发生转变——尺寸特征缩小会碰到很多问题，传统意义上的摩尔定律难以为继，半导体发展技术演变趋势从尺寸缩小逐步演变为降低芯片功耗、扩展芯片功能等。随着这几年国家集成电路产业核心技术不断发展，技术水平不断提高，有中国技术发展的路线图非常必要。编纂路线图能够为国家集成电路和产业发展做一些指导和贡献。

我们依据先进光刻工艺、逻辑工艺技术、存储器技术、超越摩尔特制化技术、第三代功率半导体技术这五大模块做路线图。下面简单介绍一下，摩尔定律延续的关键。未来主要还是从这几大模块开始，按照几大模块进行区分。结合国内集成电路发展现状，超越摩尔和第三代半导体的情况，结合国际上集成电路发展现状，有这样几个特点：产业链发展日渐完善，设计、制造技术协同发展；产业发展不断深入，战略性新兴产业突起；国内主要半导体企业重点布局，蓄势待发。如中芯国际集成电路制造有限公司、华虹集团不断发展，长江存储的 36 层等都有很大进步。

技术节点这块，传统技术节点仅是一个名称，跟实际技术已没有太大关系。我们也在考虑未来到底用哪几种方式。虽然国际叫七纳米、五纳米、三纳米，但跟实际技术尺寸没有太大关系，我们是不是也可以以间距为标准，采取一个什么样方式进行对接。这个也在路线图上有专门强调。技术发展里面光刻技术是非常关键的技术，传统单次曝光变为双次曝光、多次曝光都是大发展，EUV 可以省掉很多东西，这里边我们专门请在产业界和学界对这个方面有深入研究的专家，对未来光刻节点基本设计方法做了些预测。包括十四纳米时候 EUV 会是什么样，它的间距需要多大，对未来套刻的要求、光刻机的要求都做了预测。

逻辑器件这块，传统上在 22 纳米以后要有新的器件出现。我们说未来

FET 主要在高端技术这一块，SOL 在低功耗，可能在 5G、6G 里面有非常大的进步。环栅无论是在 L-GAA 还是 V-GAA，它的精细度都需要提升，这里有很多问题，我们做了技术的判断，也希望能够研究相关路径，为工业界提供指导参考。

关于存储器这块，现在存储器市场非常大，但在 2018 年，存储器价格大涨，DRAM、NAND 在全球市场份额中占了三分之一，DRAM 占到七八百亿份额，存储器市场跟逻辑器件相比，竞争更加激烈。像 DRAM 这块，工业界、产业界还是 EPC 结构，未来实现高密度 4 个平方还是受限比较大。现在大家都需要特殊设备实现集成电路，当然也有很多未来的设想。DRAM 路线图包括单元结构、尺寸、未来实现的电子性等。DRAM 这块确实很难预测，从国际上讲，传统 DRAM 技术到 2025 年前后也非常谨慎，存在很大不确定性。DRAM 提供更好的机会、机遇，让创新技术再发展。

Flash 在很多方面都有应用，现在主要是 NOP Flash 占很大市场份额。Flash 路线图里 NOP Flash 有很大进步，在不断往前移动。未来，到 2030 年或者更长时间，可能会更激进，超过 1 000 层都是有可能的。Flash 的现状在路线图中也有详细的描述。

新型存储器方面，英特尔和美光已经合作开发出 3DXPoint 已实现量产，也推出多次存储技术，实际上也是最接近大规模产业化。如 Marm 也是新技术，实现量产的可能性也非常大。这些存储器，包括 DRAM 等，都还要探索，继续往前做有很大挑战。在预测技术路线图的时候，可以尽量避免使用这些能够被新技术取代的存储器。这些存储器有它们的优势，但是它们的市场从整个产业链角度来讲还不具有完备性。

后摩尔时代超越摩尔的技术，早期 STRS 有一定描述，它并不完全依赖于尺寸，它的尺寸也在缩小，也不需要快速提供工艺，在很多技术节点主要是面向产品牵引，像光电、模拟、高功率、射频、生化等。

工艺这块，我们认为 IDM 模式更适合发展，设计、工艺、器件结构等往往密不可分，需要协同发展，这是在做集成电路路线图时需要考虑的，即以全产业链整合 IDM 形式来发展功率半导体产业。

智能传感器发展方向围绕更高精度、灵敏度、集成度，更小微化，更多样化,更智能化,这一块很难用统一的工艺对它进行衡量。我们尽量做一些归类,将来互联网、自动驾驶这一类发展需要更多智能传感器,它所占的市场份额会越来越大。芯片设计、精圆制造、封装测试,在人工智能这一块更要考虑智能传感器发展路线。硅光技术基于硅和硅基衬底材料,利用 CMOS 工艺进行光器件开发与集成,对此我们也是做了更高的预测,认为退乘硅光技术在未来产业界能够更大发展。

第三代半导体,不管是从传统意义上的器件角度还是从别的角度来讲,都是集成电路需要发展的一块。中国集成电路作为后来的追赶者,要加快推动和国际上先进发达国家对接的领域。路线图对它的技术演进路线,包括器件结合创新、系统集成工艺都做了技术预测,这是平面结构到沟槽结构的演进,是提升器件性能、改善可靠性的关键。降低成本、系统小型化、提升效率是第三代半导体的最终目标,也是编纂技术路线图一直要遵循的三个要素,是总的战略思考。第三代半导体发展具有独特性,一些工艺装备、工艺技术的整合、设计和系统集成方面跟传统的工艺有很大不同,路线图对这一块提出了技术发展的方向和目标。

编制中国集成电路技术路线图是一种尝试。路线图体现了对集成电路技术发展前沿的宏观分析与判断,通过路线图编制试图明确未来集成电路产业技术发展的目标、方向、重点、关键问题、时间节点。我们借鉴 ITRS、IDRS 的模式,结合我国集成电路产业和技术的现状,组织专家编写了这本路线图,尝试预测我国集成电路技术发展的路径选择,规划周期,希望能为我国集成电路产业和技术发展提供帮助。

许宁生:

非常感谢张院长,他的报告基于现在纸制版、电子版路线图草案,介绍了集成电路技术发展状况,还有国际上技术路线图历史,编制的目的还是希望能够促进中国集成电路技术发展。下面,请毛军发院士发言。

毛军发:

很高兴参加许校长召集的院士圆桌会议,实际上很多专家都了解,我既不是做集成电路，也不是做人工智能的，我是做微波、毫米波电路的。在较长时间内，微波集成电路在我们国家属于边缘化的行业。我也面临挑战，如今它的需求不断扩大，并逐渐得到重视。

今天这个论坛主题是集成电路技术路线图，提及我们国家的集成电路路线图现状还是令人痛心的，属于被卡脖子的技术之一。分析原因，不能说我们国家不重视，国家应该是非常重视，投入也不少，但为什么这方面还是比较落后？我们也做了一些思考，都说集成电路是国家综合科技使命，它是一个完整技术。光有技术领域还不行，还要有市场、有投入。我们看大的芯片企业都是富裕国家玩的游戏，都是大城市玩的游戏，上海、深圳才能玩，小的地方根本上不了。还有政策因素、国际环境因素，美国人也不是万能的，芯片链条那么长，美国只掌握50%核心技术，还有50%在它的盟友手中。我们国家走独立自主的研发路线，西方封杀，都靠自己。针对这些因素，国家也好，上海市也好，我觉得发起的这个组织，应该按照任务来规划安排，而不是项目分到谁，结项验收以后他就不管这个事情了。应该分分工，什么任务一气做下去，比如复旦负责其中一部分，交大负责一部分。芯片技术还要和市场结合起来，零零散散肯定不行，可以引入一些市场因素在里面。但我们国家大，可以形成一个链条。

围绕路线图，刚才张老师也讲到工作量很大，比较系统全面，我也不多说了。第一，我觉得路线图目前讲系统讲得比较多，讲路线偏少一点。路线很难讲，很难预测，做路线图还不需要预测技术路线图。中国路线讲得更少一点，当然这还是要讲的。中国的发展、上海的发展可以再多写一点，尤其是关于下一步的发展方向等。第二，工艺制造比较多，提起中国都知道我们是集成电路工艺制造发展中国家，但中国集成电路这个情况有点大，因为没有材料，很多方面还不全，跟标题内容完全不匹配。第三，张老师讲的系统路线图，还有的是艺术技术路线图，这个也可以参考一下，因为ITRS不发放。还有一个系统的建议，我觉得超越摩尔不大好，不应超越摩尔，而是要绕开。让摩尔缩小尺寸，实际上不是超越，只是不走这条路线，而走前面那条路线。下一次人工智能如果也能这样做的话是很好的，谢谢大家！

许宁生:

讲得特别好,最后一句话很关键,期待下一个人工智能专委会会议,我一定要来参加。下面有请刘明院士。

刘 明:

非常感谢许校长主持会议,刚才三位老师做了非常全面的路线图总结,军发院士讲的也很系统,集成电路现在受到国家高度重视,我们要梳理一下未来发展的阶段,在许校长领导下,上海率先做了这件事情,确实值得大家学习。

总的来说,我觉得本次报告做得非常全面、系统,刚才军发院士把国际现状总结得非常好,其实是整体上非常好,这里我先不说好的现象,只提几点小建议,也是个人的理解。无论中国还是国际,半导体技术发展路线图都在讲技术发展路线图,其实更重要的是产业技术路线,我们知道,国际半导体路线图也是按照这个规则做下去的。我们既然要梳理中国半导体技术发展路线图,怎么梳理? 中国现在完全跟着国际,但是又跟不上,大家就觉得有弯路。但我不认为有。这是技术必须夯实的地方,而且我们有市场,我们怎么让技术路线能够成为市场驱动下的技术路线? 未必一定要走到接近七纳米,我们更要有精力把十四纳米尽早推向量产,甚至二十八纳米。根据市场需求来推动技术往前走,在市场驱动下技术路线图可能对国家集成电路发展更加有力。

第二,集成电路、光电、分立器件、传感器在 2018 年的市场份额大概分别占 84%、8%、5%、2%,中国市场不太一样,半导体市场和国内份额比例相差不多,我们怎么能够差异化发展,找出自己比较擅长的东西? 我们想把集成电路建成自己的体系是不可能的,我们必须参与国际合作,但是我们必须找到自己的长处才能够更加有利于国际合作,我觉得在这方面可以做点工作。

第三,在未来发展趋势上,对于新器件和未来三维集成电路的篇幅偏少一点,这个比较难,我也理解张卫做的事,我们来自学术界,学术界的东西五花八门。我恰巧也觉得,因为摩尔定律逐渐走到了物理极限,新器件逐渐被应用,不同种类的集成很难在工装层面解释,从制造到制造后端到封装等是相结合的,这一方面我们是不是可以再略微加大一点篇幅。

第四,工具也要稍稍用点篇幅来讲,因为工具占的份额比较少,一年不到80亿美金,但是其重要性不言而喻,所以这方面能够补充一下,也是"鸡蛋里挑骨头",但我觉得这是做得非常好的一件事情。谢谢!

许宁生:

因为她最近在国家层面参加了不少研讨,刚才毛校长说是以"行外"身份发表意见,刘明院士就是以"卧底"身份来讲,角度都不一样。我们现在让杨德仁先生讲一下。

杨德仁:

我是"假卧底",主要做半导体硅材料。

第一,感谢许校长、上海市科协给我机会到这里来参加上海集成电路创新峰会,跟大家一起分享上海集成电路发展的一些想法和对今后发展趋势的看法。我觉得这是非常好的机会,刚才张卫院长对集成电路基础路线图做了说明,我也看了一下,是做了非常好的事情。以前知道国际上有集成电路路线图,国内也试图做一些,但很少能够做得比较全面,这次上海市国家集成电路创新中心能够花这样的力气做一个自己的集成电路技术路线图,我觉得是非常重要的,也是非常好的。当然,做这样的趋势预测非常困难,但这对整个集成电路国内发展、技术演变都有很重要的指导作用,对大家做相关研发也有很多参考作用,我觉得这非常好。

第二,上海市重点发展集成电路这个产业,以上海市为龙头,长三角一体化,国家非常重视。一体化涉及我所在的浙江省,浙江省也积极对接上海集成电路发展,就在上星期,还宣布了中芯国际在浙江绍兴投产,说明浙江省积极融入上海市集成电路发展,积极融入长三角一体化过程,我们也希望集成电路指导路线图不仅对上海集成电路产业有指导作用,也对浙江省、长三角地区,甚至对全国都有指导作用。

第三,提点小建议,在集成电路趋势上,硅光电子提得非常好,我比较认同,国家设立了两个硅光电子发光材料的研究所,而硅光技术和应用现在逐渐走到前台,我看了一下,还是花了比较大的篇幅做了技术预测和发展的,这挺好的。关于核心问题的硅基光源,目前国际上还没有解决,可以做一部分工作,但不是最终解决方案,技术路线如果能对此增加一点描述,会对今后这个领域的专家、工程师的技术发展更有指点作用。

关于硅片,在国际上路线图都有关于硅片技术发展的内容,对硅片表面粗糙度、表面金属含量都有一些要求。集成电路建立在硅片基础上,上海重点打造新增了集成电路企业,周边浙江省也有多家集成电路硅片企业,假如有可能在路线图中增加少量的相关内容,也会为集成电路发展所需要的硅材料产业和技术起到指点和引领作用。我就简要讲这些,谢谢。

许宁生:

杨德仁先生以"卧底"的身份讲了核心材料和硅基光电子这一块。下面有请叶总。

叶甜春:

谢谢许校长,很高兴有这个机会来跟各位专家讨论。上海在国家集成电路产业方面有着特殊的地位,我们国家集成电路产业一开始创新的东西、产业中心和重心都在上海,上海这些年一直致力于这方面的发展,这几年随着中美贸易摩擦出现,大家对集成电路越来越重视。我想就这方面跟大家分享一些观点和对策。

首先,什么时候解决问题。是不是要集中物力、人力大量攻坚?我觉得,这方面首先有一个观点要纠正,集成电路不单是一个东西,集成电路发展60年,人类整个社会状况,甚至未来人类几百年发展形态都因之改变。国家也好、世界也好,百年发展问题,不是短期能解决的。因为过去几十年全球半导体在持续发展,未来几十年还会持续,与其说摩尔定律遇到什么问题,不如说尺寸缩小遇到什么问题,摩尔定律只是一个需求,集成度性能提高多少是一个目标,要求我们不是做几年就不做了。

中美之间要看待的问题,是双方形势发生了非常深刻的变化,这是国家之间的较量,科技竞争不可避免地会长期进行下去。对我们行业来讲,美国从来就没有对中国在半导体方面有过什么帮助,所以未来发展不要有幻想。我们一定不要犯以前的错误,我们国家发展半导体也发展了六七十年,从1956 年周总理开始制定规划,到现在为什么还没有做起来?领导一重视,无论产业投资、还是研发投资都投下去做几件,导致整个体制崩溃。一会儿搞个工程,一笔钱砸进去,看不行又砸一次,结果钱砸了不少,最后没有建立起来,这就是急功近利。我觉得科技界、学术界、产业界都不能这样。我们首先要知道,持之以恒才是正道。在做了一个阶段的时候,国家产业基金及时更新,未来要发展就要继续坚持,这是要十年、二十年更长时间才能解决的问题,这是我们应认识到的。

第二,我们这个产业本身是高难度产业,我们要补短板,但要使得所有体系都完整是不可能的。截至目前,经过最近十几年发展,中国已经有比较完整的体系,尤其从产业链角度来看,在门类上,设计、制造、装备、封装材料这几方面我们已经是全世界门类最全的,比美国、日本都全。像美国没有装备,只有一些材料设计很强;日本设计、装备、材料都不太行,封装也很少。只有中国是全的。在这个情况下还要追求更全吗?做不到的,美国有足够多的领先手段。某种程度上,我们现在都很弱,都是卡脖子的,所以未来基本发展思路之一:我们已有的体系要做实、做强,不追求大,在这个过程中间追求自己的领先产品,有一个杀手锏,做到世界领先。这个时候要追求自主发展,但不是什么东西都自己做,要考虑补短板,加长板。

一是通过市场特色优势做出来,能够占领部分市场,慢慢积累。二是考虑技术创新,掌握创新型产品技术,这点我们要从多方位角度考虑。三是即便不发展,过去的工作已经过去,基础产能、技术积累、体系打造还在,三千亿美金还在增长,我们行业在增长,行业增长绝对值没有超过市场需求绝对值,导致今后还要增长。要解决产品问题,未来十年以产品为中心,产品往前走,创新方式往前走,瞄准下一阶段要做的东西,这是大的一个趋势。我们对制造的关注可能已经过多了,对于装备、材料等卡脖子问题也要关注,这是产业要做的。四是围绕创新,我们有十年、二十年要跨越,不能老被别人卡脖子。技术创新,尤其前沿技术创新要加强,缩小跟国际上的差距,进一步发展整体实力。"三个集成"成为未来的手段。从产品来说，有没有新结构的产品，我们认为设计是偷懒的，所有设计都在工业的基础上进行，堆起来性能就提高了，处理器其实也是那样的。当然，这个时候可能会带来一个观点，在芯片时代，新架构的处理器能不能通过后台，能不能达到？这是原始创新需要考虑的。我们有没有可能自己提出新的架构、新的应用来做这个事情？如果只考虑未来三年、五年，就不用考虑；如果考虑十年、二十年，这一块就需要考虑。

过去十年，从重大专项那时候开始，我们就在产品方面形成规模，总结过去的经验和教训，未来这方面还有非常大的空间可以拓展。在这方面，无论是中央还是地方政府包括企业，都要从创新角度看有没有中国自己独特的应用。我们打造整体应用系统、标准，器件制造工艺、材料、软硬件结合起来的新生态，这个可能有。在高铁、电网方面，中国比德国、美国更有发言权，我们超过世界平均水平50%，在工业上面有自己的话语权。还有智慧城市健康，我们城市治理跟别人不一样，这个时候我们有什么空间可以做？中国老龄化社会到来之后，几亿老人居家养老，如何往前走，我觉得这是未来我们要考虑的事情。最近一段时间我也在考虑未来发展，当然是天马行空、脑洞大开，说得不一定对。谢谢大家！

许宁生：

大家考虑的问题都不太一样。下面有请张教授！

张 波：

非常有幸参加这次论坛，讲集成电路产品核心，还有一点我觉得非常重要，那就是工艺要有基础。工艺怎么做？我们不能一味地跟着国际上的发展做七纳米、三纳米，就中国自身来讲，这不是一条路，我们同时还必须结合中国特点，把我们的工艺做细、做深。那么通过我们已有的工艺，怎么去做强集成电路产品？我想这点刚才都讲到了。怎么利用十四纳米、二十八纳米等，发展好我们的特色工艺，工艺实现深、细，其中的关键是人才。当时中国台湾高校里面最优秀人才都最愿意去台积电，他们把这些优秀人才放到台积电做工艺。我们中芯工艺、华虹、长江是不是把清华、北大、复旦最优秀学生放在那呢？我知道一个统计数据，今年我们团队将近 90 个研究生，是非常大的一个数，其中将近一半的学生做和器件工艺相关的工业项目，但只有三分之一的学生去做和工艺相关的工作。有一个很优秀的学生，我推荐他去了华虹。

现在我们可以投几十亿上百亿去做工艺，但是怎么去用一些政策、一些方法让人才能够真正发挥作用，怎么能让他们安心去做工艺，把中国工艺做深做强，然后立足于我们自身工艺去发展我们的产品，这是我们要认真考虑的。刚才毛院士讲到的超越摩尔定律，一边是尺寸依赖的先进工艺，一边是非尺寸依赖的特色工艺，特色工艺这一块，我觉得我们是大有可为的。这一点实际上华虹已经尝到甜头了，我希望国内有更多这样的企业，能够在这个领域做得更深更好，这是我的一点想法。

另外，三位老师做了很好的报告。我第一次看到发展路线图，这个非常不错，我提两个建议。第一，刚才张卫老师报告里面已经更正出来，他重点讲第三代半导体，但讲到射频这一块只讲了工艺。射频在 5G 互联网里面是非常重要的，我建议把它涵盖上。还有，我建议还要讲封装，封装现在越来越重要，刚才几位院士也提到，我认为封装是几个层次，原来讲它有连接的作用，所以高功率发展、高频发展，产品需要封装技术改进。另外就是系统集成，这一块技术发展是非常快的，是延续摩尔定律发展的，如果集成电路差了这一块，我觉得有点疏忽，我个人建议把这一块补上。谢谢！

许宁生：

张老师提了几个特别重要的内容跟领域的需求。我们现在请邓教授讲一下。

邓少芝：

非常有幸能来这个平台交流学习。我是从事微纳电子器件的，在集成电路中看到更多的是信息处理这一部分，我自己一直很坚持从事的方向都是在微电子领域。它的器件随着大数据、人工智能等的发展，和信息处理集成包括芯片化发展趋势相关,它的制造平台一定是从现在集成电路发展起来的微电子技术制造工艺而来,这是我个人的观点。

这两天我很高兴看到了张卫教授发的集成电路技术发展路线图,也希望总理能看到我们自己编的路线图。给我印象更深的是,集成电路制造技术这个路线内容很充分。我一直很期待我国的集成电路研发和制造能在国际上发声。经过这么多年的努力,包括国家、各位院士专家的努力,各个地方的科技体系都有所创新,也希望我们未来的线路图能够辐射到广东珠三角和大湾区。我印象很深,当时许校长还在那边任职当校长,1998 年他提出要给广东建集成电路产业,想在地方发展布局集成电路,至 2018 年,粤芯落地开始建成投产。珠三角是芯片大规模使用地,而粤芯使我们至少能在制造芯片这方面有了一个氛围。

再提一点个人的认识。我刚才也讲到,我主要从事微纳电子这方面,虽然技术已经往通讯 5G、6G 发展了,但在往亚毫米波这一块走时,无论它的处理手段、产生还是探测方面都是缺乏的,但是科技创新领域很活跃。所以在线路图里边最好能够相应地关注到这一核心器件,在这一块先有预测或者分析,把创新跟产业联动放到前面。这就是我讲的对芯片和集成的关注。

新材料,比如第三代半导体——其实在芯片功能器件里,不仅有半导体,还有低微材料,已经应用在传感还有高性能器件的功能层方面。如果在技术工艺上能够相应地给出一些分析和预测或者是前瞻性的路线和关注,线路图将会有更长的指引。谢谢!

许宁生:

下面请徐秘书长讲一下。

徐 伟:

非常荣幸来参加今天的创新峰会和圆桌论坛,本来今天圆桌论坛请了上海集成电路行业协会会长张素心来参加,由于他临时有事,所以我来参加,确实倍感荣幸。各位专家对产业发展提出了非常好的思路和想法,特别是张卫院长报告的整个集成电路发展的路线图让我非常受益。提意见谈不上,和刚才刘院长讲的想法一样,我也认为 ITRS 这一类过去的路线图和大企业的发展方向、研究方向结合得比较密切,所以我也建议以后调整的时候,包括国内一些地方也好,张波教授讲的特色工艺也好,应该都在路线图内做一些连接和反映。因为我们谈的集成电路发展主要还是为了指导国内,所以路线图和国内领军企业、大企业本身的研发和方向做一些连接,可能指导意义更明确。

我本人长期在基层企业,不像在座大多都是学术界的,这十多年我一直作为工程师从事企业管理这方面工作,近三年又进入行业协会工作,所以从视角上来讲会狭隘一些。这两年接触多一点产业行业,我就抛砖引玉,谈一些体会供大家参考。

最近我在梳理整个上海集成电路发展历程。20 世纪 60 年代,上海集成电路就基本形成了一点点产业。20 世纪 90 年代,又先后出现了先进的合资企业,对中国集成电路产业做出了突出贡献。20 世纪 90 年代先后,华虹集团以及接下来中芯国际、宏利半导体的建立,实际形成了国内独打的方针体系。在 21 世纪初,大概 2005、2006 年前后,上海集成电路产值最高占到全国一半,这两年有些下降。2018 年上海集成电路产值只占到全国 20% 左右,四分之一都不到。上海在发展,但是从比例上却是下降的,说明国家集成电路在飞速发展,这是好事,但是对上海也是挑战。我们有很好的基础,从产业链的完整性来讲,上海首屈一指。从设计制造到封测,上海在布局上已经能非常好地支撑整个区域的产业发展。

对于产业发展,我有一些粗浅的考虑和见解。我觉得过去大家讲双轮驱动,即技术、资金投入驱动产业发展,这从国外的发展中可以得到印证,持续资金投入先进技术研发,让产业得到迅速发展。我们国家集成电路有一段时间比较沉寂,与国际距离越拉越大,我觉得就是因为这两个方面投入都不够,技术研发力度不够,资金特别是产业投入没有做到。近些年来这两方面逐渐在改变,投资力度变大,技术研发铺开,也有了突破。但是,我想在谈到未来技术发展的内容里,讲讲后摩尔时代,或者谈技术节点不断突破带来的问题,就是应用的引领和人才的支撑。这两个内容相比技术、资金的双轮驱动能为产业发展提供更大的支持。在国内,刚才也谈到了人才问题,我在这方面感触很深,我一直在企业工作,越来越多制造性企业在选用、预留等人才环节都遇到很多挑战。

我们的优势在什么地方?刚才院士们谈了很多,我很有感触。关于后摩尔时代应用驱动,未来无论是物联网、人工智能还是5G,应用对整个产业的驱动作用非常大,中国恰恰又有巨大的市场和强有力的应用产生的创新能力。我们从过去的互联网时代电子商务现象可以看到这一点,因此我觉得这也是既有挑战又有机遇的地方,应用驱动会对我们国家未来新一个阶段集成电路发展产生很大的作用。这也是我们关注的未来,各种新的应用如何和现在的技术平台相结合。现在,从国内技术节点的水平上来讲,我们确实不高,在这样一种状态下,我们应该关注应用的驱动。

从全国来讲,人才确实也非常多。我做过统计,每年集成电路相关专业学生达到30万,如果这些学生能够多一点进入这个领域,我们就不会出现人才荒芜现象,会后继有人,但我的调查结果是,相关专业人才真正进入这个领域的大概只有15%。这是一个人才导向问题,刚才讲了在政策支持上,对于制造企业、基础研究领域,要让人才能进来、愿意进来,市场经济或者现在社会总是在追求美好生活,如果有更好的待遇、生活条件,那么人才就会选择进来。未来在资金、技术双轮驱动下,在市场引领和人才支撑方面开展更多工作,在各位院士专家大力支持帮助下,我想我们国家特别是上海,集成电路大有可为,也会有更好发展。谢谢!

许宁生:

徐秘书长代表张董事长讲了自己对大企业尤其领军企业的考虑,对我们很有启发。

赵元富:

今天特别高兴,很荣幸参加这个论坛,也特别感谢许校长的邀请。大家都谈了很多怎么打造集成电路,基本也都从自成体系产业链角度谈的。集成电路产业的发展其实最终是体现在产品上,就是对需求的满足,但是这么多年来,我们国家集成电路发展实际上是在给航天做芯片。怎么能把产品做到满足市场需求呢？今天也是集成电路创新峰会,主题叫"创新强国与创新发展"。第一,我们要有很好的激励,属于我们的应用时代已经到来了,而且还在往下走,我们要以应用需求发展技术。应用已经变成非常重要的东西,集成电路技术发展可能已经有 70%～80% 的应用,不需要再靠技术发展,应用的时代到来了。

第二,国家集成电路自身的产业链其实已经基本形成了,构成虽然和国际上有点差距,但其实已经相当不错了。这个产业链,我们做十五规划的时候,计划在 2001—2005 年建成,结果到 2005 年一看,完全推翻,由于制造能力大幅度提升,国家集成电路制造业实现大发展。其实现在的基础比以前更好。

第三,应用在国内有很好的实力。以航天为例,北斗导航的核心技术百分之百国产。大工程我们国家完全能做到,但是深入做的难度也非常高。集成电路变化太大,如果发展得不快,就会和人家有差距,这个路就很难走。

我们原来做芯片的比较多,哪怕质量差一点,价格高一点,性能低一点,照样要用国产。但从用户角度来说,没有人想要差的东西,所以一定要想办法做好芯片。由于国家这么多年的引进,我们在集成电路里没有产品体系。以 CPU 为例,这个产品体系乱了以后就没有办法恢复。我在想,可以靠应用牵引做这件事情。习总书记提出要构建社会主义市场经济条件下关键核心技术攻关新型举国体制,集成电路肯定是卡脖子问题,可以利用举国体制解决。但能不能以产品、以应用来切入呢？我觉得是可能的。我认为集成电路有两条发展途径,一条就是靠市场。

刚才也提到,如果我们要找应用牵引产品切入点,就是找我们国家现在在世界上做到世界先进水平甚至是领先水平的这些行业,从国家层面进行高层策划,如果走好,我们就真正能够在集成电路上占据自己的一席之地。我们还是以"航天"为例,北斗做完产品体系以后,不管推到国内其他的行业,还是推到俄罗斯、欧洲等其他国家都可以,因为我们的航天行业已达到世界水平,当它的产品配套完成后,就有机会站到世界平台上去和别人交换。我觉得我们现在的国家电网、国家高铁、国家电子支付银行,其实都处在世界最领先水平,但是举国体制怎么让这些行业从最顶层往下做产品规划,是政府应该考虑的。发挥国家举国体制是提升国家集成电路产业非常重要的切入点。我就汇报这些。

许宁生:

"航天"还是不一样的,从天上往下看的角度不一样,这是从国际视野看怎么把集成电路推到国际平台,这个思路也是很有新意的。几位在座的领导还是要讲一讲,你们也是专家。

干 频:

很高兴参加院士圆桌论坛,刚才我听了张卫老师的介绍以及其他院士专家的发言后,很受启发。前面说的技术路线图,我觉得非常及时,现在大家都在讲集成电路的方方面面,但是总体上还是在讨论"点",路线图才是系统性的。总书记对科技部曾有"四个抓"的要求,即"抓战略、抓规划、抓政策、抓服务",我认为政府要做的话,这"四个抓"很重要。科委一年到头都在忙着写指南发项目,在点上抓的很多,但是在宏观战略上考虑的比较少。

这次工信部在上海国家集成电路创新中心先抓集成电路路线,这个非常有必要。我更觉得路线是动态的过程,希望每年都更新一次。从政府部门来说,这种系统性的梳理非常有必要。

我介绍一下上海的情况,上海把集成电路、人工智能、生物医药三大块作为未来新的产业高地,这也是总书记交给上海的任务。上海政府在这三大领域做了规划,布局了一些功能性平台。在集成电路行业,上海实际上已经做了这些平台。现在在上海不是一家单位来做,而是上海中心和复旦等很多单位一起来做,而且形成了一个新型的体制。

上海科创中心建设后,总书记要求上海,顶层做张江实验室,第二层做功能性平台,第三层做创新集聚区,像张江、紫竹,第四层是大众创新、万众创业的孵化器,其中对产业最重要的就是功能性平台。

上海会有更多平台投入这一块的研发,包括张江国家实验室也会做一些微电子,我们争取做基础性的,而上海科创中心建设,包括平台上,我们想做系统性的，从国家实验室到功能性平台再到专业应用，形成上海产业。从去年开始的集成电路规划，现在还在进行当中，这个规划未来想对接国家2020以后的发展目标。我给大家举个例子，在制作规划当中，技术发展路线里有很多的领域，要有所为有所不为，集中精力聚焦一些领域。我个人认为，集成电路、通信信息、汽车电子是长三角是非常强的领域。我们会和长三角企业一起对接国家战略，聚焦上海传统优势领域，加大投入。

我到科委五年了，我们就在一个领域做了四年左右，大概每年有3 000万投入，这个领域就是IDBT功能器件。原来在性能汽车里面，控制器都要用到IT，6 000块一个，上海有很多企业就做封测。我们从芯片设计、制造到封测整体布局，现在已经有30%左右的器件是国产设计制造封装的，我的目标是三年之内达50%。一个器件一个领域的突破，因为差异化，很难在所有面上和国外结合，我希望我们在部分点上先做到结合。希望在未来研究上，国家除了产业工艺，也重视战略规划。集成电路里面需要一点战略，需要有政策，对不同行业、不同阶段，要采取不同的政策。所以我们希望能够给国家提出一些针对性的建议。谢谢大家。

许宁生：

干主任对我们特别关心，集成电路不管产业还是科研都在他的办公室指导下工作。我觉得，他刚才的发言给大家介绍了上海的很多重要举措，对全国还是很有影响的，很多地方政府也想要开展相关研究，他们也很关注。

彭　崧：

上海科创办会认真学习各位院士专家对产业的意见和建议。全市一区二十二园和张江核心园发展，张江科学城在集成电路上是主战场，我们科创办今后要积极吸取各位专家的意见，更好地做好产业服务和支持工作，特别是政策引导方面的工作。谢谢！

许宁生：

好，希望科创办给我们做更多的指导。下面有请马书记。

马兴发：

非常高兴今天各位专家院士能到科学会堂参加这个专家院士高峰会议。张卫院长刚才做了系统的介绍，在许校长牵头下主动作为、主动担当，非常应景且及时、必要，专家们都给予了很大肯定，对下一步改进提升完善也提了非常好的建议，都很有价值。听了专家们的建议后，我虽不是行家，但也想和大家谈一些感受。

第一，之前专家们提的非常好，这个"报告"在借鉴国际发展情况的前提下指出如何结合国内的应用，特别是优势产业来进一步发展。我感觉要聚焦，虽然"报告"面很宽，但还是要凸显我们的优势应用基础、产业和未来可能的发展；第二，专家提到的结合国家战略，在此基础上结合长三角，从国家层面上加强联动；第三，在产学研合作方面，该"报告"已经涉及，但还要进一步提高协同，1999 年版、2000 年版不断升级，要加强评估，完善跟踪评估和分析，包括相应机制建设等，这其中涉及很多，包括社会环境、政府支持、应用背景，这是一个系统。这方面我们要进一步关注，也希望下一次的"报告"能正式到科技会堂发布。

科学是联系广大科技工程师的纽带和桥梁，科学会堂是古典法式建筑，20 世纪 80 年代的时候，这里可以说是人头涌动，2000 年的时候装修完毕，如今环境更好了，欢迎在座的各位专家经常到这边来。我们主要有五个方面的工作，学术交流高端化、创新服务精准化、科学普及大众化、人才举荐有效化、决策咨询科学化。非常感谢许校长搭建了这个平台，把各位专家请过来进行深入研讨，这也达到了圆桌会议的初心和初衷。我们也欢迎大家经常来走一走。谢谢大家！

许宁生：

非常感谢马书记，他对前面的专家发言做了些总结。下面还有点时间自由发言。

刘 波：

今天开会很高兴，听到了很多很好的建议。我从产业发展角度，来讲讲自己的体会。

第一，对于现在的线路图和规划，企业参与度不够。2003年到硅谷后，我一直在参加集成组织这方面工作，参与国际线路图的编制，明显感觉到他们的企业参与度非常高，原因很简单，企业必须知道下一步怎么走，下一步的攻关是什么或哪些技术要解决。而我们现在参考国际上的东西多，但参考内部信息不够。以前我们的规划中有两组研发或者有大家联合在一起做技术探讨的地方，定义为五年以后才有可能应用的技术，线路图也要把可能运用的方向定义起来。

第二，以前我们做线路图或发展规划的时候，要考虑实际上发展规划到底给谁看，是给主导的人看还是给找方向的人看。所以从这一点来讲，就要考虑我们在国内的发展空间，特别是集成电路产业创新中，怎么创新，怎么给创新？我觉得通过活动会让大家共同聚焦解决一些问题。

第三，要有所为有所不为。我们的工作空间应该是有点层面的，现在非常有可能全部都变成点，全部变成面，最后问题很严重。怎么出现点？这个点，不是说你是点就给你浇水，不给其他人浇水，我觉得有所为有所不为中，强调更多的是国家支持，但强调不够的是企业的支持。大部分研究者到华为做芯片设计，因为半导体企业给的工资不够，因为刚需不够。我觉得国家出钱和企业出钱两个要并举，要让国家和企业共同参加峰会，这样出钱的人是心疼的，是有目标的，我们做的这些规划、战略计划也就有了落脚点。

我们公司现也才200人，3年前才建立，但我们掏出来支持高校研究的经费已经超过2700万，这个数字比较大。

我也赞同前面的说法，IDM、设计、材料、设备加工，这几个方向如果都有分会场，让相关企业参与，也能让线路图更进一步丰富。如果一个大会下面有分类别的小会，对我们的发展会有好处。国内峰会多，技术会少，这也是个问题。谢谢大家。

许宁生：
看来很有经验。大家继续发言。

曹立强：

刚才听了张卫老师做的报告，我感触很多、学到很多东西，非常感谢大家。我是做封装的，非常感谢你们为封装发出了声音。美国从事封装的博士比中国多了十倍，昨天我在华为开会，华为封装老总非常羡慕在美国搞封装的有这么多人。实际上，中国所有大企业博士加在一起特别少。集成电路产业发展到现在确实也是全产业，包括从 IDM 开始到装备材料。这一块开始我非常同意刚才讲的点和面，就是我们要抓住核心关键点，围绕应用，把它再扩张。通过我们十几年的学习和探索，我觉得大学研究院所和产业的合作其实有待进一步加强，我们虽然喊了十多年的产学研用融合，但一直没有做起来、没有做好，我希望借助集成电路创新中心这个契机，通过这个中心真正一手拉产业，一手拉学术界，把桥梁搭好。谢谢！

许宁生：

非常感谢，很好的见解。还有吗？

程卫华：

我谈一下个人的看法，我是负责技术研发的，现在国内集成电路非常热，各地都在上项目，在这个过程中大家可以看到，资源是有限的，将来可能会有很激烈的内部竞争问题。从战略布局角度说，引导非常重要，因此需要路线图还有其他各种各样的东西。今天非常高兴，看到了张卫老师做的一些规划路线图。我想补充几点内容一起探讨。

第一，我们这当中基础部分和关键布局要分开来，有些东西是基础，像标准的逻辑工艺、存储器工艺，属于产业链的基础，有了这些制造基础，设计上下游的东西就可以起来，这些基础东西要有布局；二是关键布局，关键布局要发动很多家公司来推动市场力量，什么东西能够把产业培养起来，将来又有产业发展来反哺这些基础发展，关键布局很多在各块领域发展当中，有些达到产业临界点。如果能找到好的点把这一块产业带起来，对将来的发展非常重要。这就是我们所说的"市场推动，布局引导"。

第二，我们做这一块的关键布局，基础这部分非常重要，一是产业化的能力，二是创新能力，要特别重视这两条。产业化能力今天不多讲。关于创新能力，我们在线路图规划中，要看每个领域中有没有什么新的结构、材料、架构、方法、设备推动来加强在局部领域的创新。比如说新的架构，这里面有没有在软、硬件的结合，还有算法上创新，包括有些操作系统的加强。新的方法包括在研发中、在创新中。有一些方法，像设计和生产结合在一起的EFM、EFT，都能帮助我们加强研发的能力，加快研发的速度。在这些方面，我们应多一些引导，多一些培养，让这些新的东西加速我们的研发，也就是让大家的有些做法在这个行业中推展开来，让这个方法走到前面去。欢迎大家批评指正。

许宁生：

时间关系，今天的讨论先到这里。大家可以做一些书面发言，提交到张卫老师这里，我们将把大家的意见进一步放到草案里。我节省些时间，不再把专家、领导以及院士们的意见做总结了。刚才马书记的总结也代表我不少的观点，尤其是对下一步路线图发布以后如何更新、加强评估这点，我觉得和我想法非常一致。当然，我们还是要对整个材料进一步打磨，包括图的质量、文字也要做一些细致的工作。特别要强调一下，我们要把专家提到的内容，尽力在现有版本中进行补充扩展，如果今年的版本没有办法完全构思或补充完备，我们可以在说明里点出来，也作为新的版本的研究内容。希望大家能够围绕现在还需要补充的创新内容提出更好的建议，为我们下一步新的版本提供基础，所以请张卫院长还有各位专家能够把今天要求、意见补充好。

院士圆桌会到此结束。谢谢大家！

从前沿科技发展看未来城市交通

上海市科学学研究所工程师 赵 越

交通非常重要,它影响了很多领域的变革。在科技创新的驱动下,交通也有很多的可能。

今天的演讲我大概会讲这样几个方面。一是交通发展的意义,二是交通与城市的关系,三是城市的未来愿景以及科技创新对未来交通的影响。

一、交通发展的意义

1. 交通工具速度变化使得人的速度发生变化,人们活动的范围扩大了,人与人之间互动、碰撞产生的成果也增加了,对经济社会发展有着正向的意义。

2. 现代交通技术与互联网代表的现代信息技术一起,让世界的距离不断缩小,全球化和地球村的概念就形成并发展了。交通让不同背景、不同学识和不同职业背景的人能够相知相遇,发生思想和知识的碰撞,产生新的知识和思想，新的知识思想创生增值扩散之后，社会和城市有了一定的提升，也就是说人的横向的流动是实现社会的纵向运动的一个重要基础。

3. 要想富先修路，富裕和贸易是相关的。贸易是国家和地区在发展过程中非常重要的手段，它的本质其实就是在更广阔的地理空间、更庞大的人群里实现的专业化分工、大规模协同、高频次互动，从而带来范围和效应的变化，以及规模上的变化。要完成上述这样高频次的客流和物流交通，就是一个非常重要的、要不断创新突破的点。

4. 在制造服务的整个体系中，交通装备处于比较中枢的位置。意思就是说，其他领域的创新也是交通创新的一个结果，交通是其他领域创新的一个诱因。比如，舶来品的出现改变了人们的出行方式和娱乐方式——它引起的文化社会革命与互联网结合之后，更是对社会治理的能力和水平产生了新的要求。除此之外，新的工具不断地产生，不断地被试验，在这个过程中可能又会带来新的生活模式和文化样式。

总而言之，我们社会的经济发展对新型交通工具有了更高的要求，它呼唤更快捷、更高效、更安全的交通工具和科技的产生。就像现在自动驾驶、飞行汽车等新功能出现，看似非常美好，但是否能迎合市场需求，还是和城市的发展和交通工具的变化模式有很大的关系。

二、交通与城市之间的关系

城市治理研究中，经常把城市比做一个有生命的有机体，它能够自己生长，能够良性运转。在这个有机体中，交通其实就是它非常重要的循环系统，帮助主体中所有的信息及其他各种东西运转，它是一种支撑，它所带来的问题、短板和其他变化都会影响这个生命的发展。

1. 交通工具决定了一个城市的效率。城市的发展当中有两个比较重要的"流"，一个是维持和促进它本身基础设施和居民发展的能源、信息和资源的"流"，另一个是所有公众社会网络开发的信息流和物资流。这也就显示出了交通系统的重要性。比如现在的"当天达""隔天到""买菜半小时送到家"。交通给我们带来了效率——不管是服务上效率，还是供应链的和商务运营模式的效率，都和交通有非常大的关系。

2. 交通工具和交通科技规定了城市的边界。有一个术语叫"曝光时间",就是说人的生理状态决定了他的通勤时间,这个忍受程度大概是一个小时,一个小时能达到什么范围,这跟选择什么工具有很大关系。之前滴滴出行发布的报告中也提到,基于汽车的活动半径,在一个比较活跃的城市大概就是 30 公里左右,而轨道交通的活动半径大约是 50 公里。举个例子,最远的临港距上海市中心为 70 公里左右,通州到北京市中心大约是 40 公里,南沙距广州市中心大概就是 70 公里。城市面积和城市活动的尺度,与交通工具和交通科技的发展应用水平有非常大的关系。

3. 关于城市的位阶、城市的发展阶段,有几个结论。一是步行的速度与城市规模扩大速度成正比,空间的扩大会迫使人们压缩自己的通勤时间;二是城市规模扩大一倍的时候,会产生 15% 的系统结余,也就是基础设施跟进可能只有 85%,这就是城市规划需要跟进的工作;三是人体适应和生理极限变快,很多人呼吁慢节奏的生活,在 30 到 45 分钟通勤生活圈规划中,有的城市选择的不是交通工具的期待创新,而是建立更多的生活可达的副中心区域,通过这种城市规划的调整来实现目标;四是城市更加立体,未来除地面之外,还要考虑低空的空域通航或地下空间的开发,这样会给地面物流和客流的分流上带来一定的改善;五是当城市更加舒适,交通出行更加便捷,宜居交通物流更快速之后,人们可能会多出更多的时间精力来从事更多有创造性的工作。

三、科技创新对未来交通的影响

1. 绿色化交通能力。2040 年前后,可再生能源占比可能会超越化石能源,清洁能源的、电力的车辆载体普及会得到进一步扩大。

2. 共享模式下个性化交通出行。现在共享车充电免费、停车免费、仅付租金,未来这种模式如果更加完善的话,私家车市场可能会发生翻天覆地的变化,停车场和充电桩等公共设施也有进一步整合的空间,这种模式互动就会有很多种可能。

3. 无缝化的交通切换。未来自动驾驶、无人驾驶上路,车路协同的状态能够做得比较好的情况下,车对我们来说其实就是个载体,它提供的空间可以开会、休息、娱乐，这个空间有了更多的可能。对我们来说，在路上的时间可以节约下来做更多的事情。

4. 各种工具之间的切换可能会做得更好，我们出行的选择会更多。还有就是智能化的交通治理，车在路上的时候，特别是自动驾驶时，因为有很多的摄像，这些摄像数据采集了之后，如果能汇入现在交通监测和规划的大的网络中，那么每辆车就是一个节点，它就可以做更多预测分析的功能。当交通平台成为计算平台，车不单单可以移动，还可以从现在的功能车变为一种智能车，就是像手机由原先通话设备变到现在的智能机。另外，它也是这种出行数据的一个源泉，成为一个储能的载体，就是说汽车的充电不单是充，还可以放电，它成为了城市能源节点中的一环。也就是说每一辆新能源车不单单是用电的主体，还是城市能源的一个分枝，在这张智能的大网中可以发挥更多的作用。

5. 很多技术的发展过程中可能会有一些负面的情况，交通也是如此。比如说智能驾驶或共享模式产生了之后，可能有更多新的危险和风险随之诞生。我也看到过一些应对这些风险比较好的产品，或者说是改善现在交通风险的一些产品。我们在应对新技术产生的时候，也会新增加一些技术来让它更安全，并在规则上做出一些调整，这就是为什么我们的工作是把技术和它未来的愿景以及一些政策联系在一起的原因。

6. 交通网络可能是数字原生城市中一个基本骨架，就是说我们的城市除了生命管线、能源、其他的物流等所有的流之外，城市本身的道路也是一个大的骨架。城市的系统和数据要做到灵动，就是我们之前也经常会提到的，比如说路权的开放。如果这样一个灵动系统对人、车、物都是开放的话，它会实现很好的智能联动，现在的交通状态可能也会有很大的变化。

东京都市圈轨道交通发展经验及启示

同济大学交通运输工程学院教授　叶霞飞

今天,我主要是和大家介绍日本东京都市圈轨道交通概况、东京都市圈轨道交通发展经验,以及对上海加快构建通勤交通圈市域轨道交通网络、上海通勤交通圈市域轨道交通发展模式、城市轨道交通企业应向多元化经营模式方向发展,以实现轨道交通可持续发展等方面的启示。

选择东京的原因,主要是因为上海的整体情况和东京是比较像的,上海和东京都市圈范围的面积是差不多的,都把都市圈限定在 50 公里交通圈范围内。

一、东京都市圈的基本概况

东京和上海的差别在于,上海的城市轨道交通都是在市域范围里去做的,但东京是跨市域的(50 公里范围内)紧密联系的经济圈,在这个范围里组织它的城市轨道交通规划和建设运营。东京的轨道交通系统和上海的轨道网是有差异的。在上海,除了金山铁路以外,轨道网主要是地铁。日本主要有三大系统,第一类是地铁,第二类是私铁(完全是民间资本),第三类是原来的国企民营化以后为城市服务的,现在叫"JR 东日本"。东京为城市客运服务的轨道交通线(那些长途进来的主要不是为城市服务的,所以不在统计范围),一共有 2 458 公里,其中地铁只有 357 公里,主体 2 000 多公里是铁路,但实际上它跟地铁的功能是一样的。

二、东京轨道交通发展方面的经验

经验一:东京的轨道交通投资经营主体是多元化的。

东京的轨道交通投资经营主体有三大类。第一大类是私营。私营中又分为两部分,第一部分是私铁,完全是民间资本;另一部分是类似于 PPP 的公私合营的经济体。第二大类是特殊法人。比如对于一些民间资本不太愿意介入的项目,政府去建这个工程,建完以后委托私铁等集团运营。

东京地区的地铁运营有两类公司,一类是中央政府和东京都政府合资的公司,叫"东京地铁股份有限公司"。整个日本只有东京是这样的,其他城市的地铁都是公营地铁;另外一类公司是东京都政府经营的地铁,类似于上海交通委,它叫"东京都交通局"。日本其他城市的地铁都是由交通局来经营的。还有,原来的国企变成民间企业后,它们大部分也是为城市服务的。

经验二:东京的轨道交通有效支撑整个城市发展。

东京原来是非常集中的城市,和我们现在一样,都集中在非常核心的位置。他们的政府一直想把城市变成组团式或者是在外围做一些核心区。为了疏解人口,他们沿各个方向建立了一系列的轨道交通线路。东京都本身压力非常大,于是在旁边的四个县建立了一些核心地区,为了能疏解到外围的核心地区,就建了许多连接其他十个县的轨道交通。东京另一比较大的特点就是夜间人口和白天人口差距巨大,这也反映出了居住、就业比例的失调,像千代田区,白天人口是晚上人口的二十几倍,通勤压力非常之大。还有一点是枢纽支撑重点区域的轨道交通,比如像东京几个枢纽,都是 8 到 11 条线轨道交通线交汇。还有一点可以反映交通对城市发展的支撑,随着时间的推移,人口在增加,需求在增加,东京要考虑如何做到不断增加运输能力来保证满足需求。这跟我们不太一样,我们现在建轨道交通的时候,往往事先预测这条线将来有多少量,但实际上目前我们的预测能力是不确定的,包括土地利润也是不确定的。那么依靠什么来不断满足一直在变化的需求呢？最主要的手段有两个。一是增大发车编组；二是扩张能力，就是增加发车密度。这个实际上是有限度的，我们现在的系统一般一条线路一个小时能跑 30 趟已经算不错了，超过这个范畴估计就很难继续扩大运输能力了。

经验三：东京的车站分布与运营组织灵活。

上海地面线路、道路交叉口的交通维持，绝大部分就靠红绿灯。如果去观察东京的交叉口，会发现它整个的信号都是由轨道公司去控制。在这种情况下，一条线上有四种车在跑，一小时分别可以跑 20 趟。我们现在完全是封闭的，一种车跑一小时也差不多就是 24 趟到 30 趟。这反映了城市的行政管理水平。

经验四：东京的私铁多元化经营模式。

上海的轨道设置快慢线而在地下车站做，因为地面车站规模很大，代价很大。东京在地面或高架车站做，因为它们自己延伸一下就可以，几乎花不了多少钱。这边需要强调的是噪音问题。大家设想一下，若采用日本的私铁模式，你又住在一个通道上面，政府准备修一条线过去，让私铁来修，它是要盈利的，如果要埋地下，它肯定要亏本，就不建了。要让私铁去建，再去征求意见，就要你同意做地面高架。有这样的能力来修，也能正常运营。日本人对生活质量要求那么高，照样有那么多人沿线居住，并且都可以接受。为什么我们接受不了？我感觉主要是投资体制的问题。日本有私铁在其中，而我们没有。

我想介绍一下私铁为什么会盈利？大型私铁公司基本上是可以盈利的，因为它有多元化的经营策略。私铁公司肯定经营铁路，那么它还经营什么呢？

第一块是经营房地产开发。它本来是一个实体公司，要建铁路，为了这条铁路能够实现正常的财务配合，就去申请：这条线由我来建，前提条件是沿线的一些土地按照不建这条铁路情况下的地价卖给我。车站和土地利润的有效结合，带来两个结果。第一，因为交通方便，所以旁边那些地价涨得非常厉害，土地收入非常大。第二，因为和旁边建筑物结合得很好，所以客流量大，票价收入也很大，实现一举两得的结果。第二种情况正好相反，比如说某地方要建新城，由私铁来建，前提是市区通往新城的这条铁路也由它来建。只不过那个地价还是按刚才我们讲的一样。当客流量上去了，票价收入也就上去了，私铁就能实现平衡。

第二大块是经营百货商店。私铁经营百货公司有什么好处呢？它自己在车站上面经营百货公司非常方便，且东西质量不错，价格又不贵，旅客到一个车站去坐车顺便买些东西，如果天天去，私铁的营业额就非常厉害了。此外，还有旅游相关的一系列东西。

经验五：互联互通。

讲讲互联互通的原因。山手线是一个环线，与上海 4 号线类似，它的铁路只能在环线外面修，地铁则以环线内为主来修，外面的铁路不允许进到黄线里面，这样必然造成什么呢？造成中间是地铁，外面或是"JR"或是私铁这样性质的铁路。在里面变成一个通道，一些换乘点的客流量非常大难以承受负荷，所以要贯通运营。而在上海，铁路和城市轨道交通界限分得非常清楚。在日本有一点是非常明显的，铁路和地铁十分类似。早高峰的时候，城市间的铁路可以为城市服务，大大提高效率。

三、启示

最后，我讲几点我们从这里面得到的启示。

第一方面，现在长三角一体化，我们要把上海跨行政边界的交通圈做出去。当然，上海已经迈出了第一步——花桥，将来要把类似花桥这样的地方圈进来。当然，花桥还是江苏的，要借它为上海服务，这样，交通就必须过去。当然，这里会涉及一系列体制机制的问题要解决。此外，假如长三角未来的区域铁路的位置正好和市内的市域轨道交通同通道，我强烈建议一线两用，哪怕购买服务也是合算的。

第二方面，我觉得可以借鉴的是扶持方式。只要出核心区，强烈建议要以高架为主。高架主要是噪音震动的问题，解决的方法刚才已经提到，无非是通过土地利用去解决。另外，运营组织一定要灵活。为什么我说要以高架为主？因为毕竟外围线路说不准未来到底多大的量，只要做成高架，适当预留，未来就能像日本一样，由现在的六节编组变成八节、十节编组，那么绝大多数线路都不需要重新修线路，靠加大编组就能解决了。

第三方面是尽可能采用多元化模式，假如完全国有，就没有太多动力。如何真正意义上引进民间的企业来做这件事情，估计是未来的方向。

可供借鉴的中国台湾交通精细化设计与建造

上海浦东建筑设计研究院市政交通规划院副总工、高级工程师　冯　敏

今天我要讲的内容主要有以下几部分：一是台北市交通概况；二是台湾交通设计建设的人性化和精细化方面的内容；三是启示。

一、台北市交通概况

整个台北市交通以精细化发展为导向。台北市的人口规模目前大概是265万左右，面积大概是271万平方公里，与上海相差甚远。

从台北市道路网的规模来看，台北市整个道路的长度约1 409公里，道路网的密度跟上海市差不多；从汽车保有量来看，台北市现在每千人保有量达到306辆，而上海每千人保有量差不多是台北的一半。台北还有个特色，就是机车的数量非常多，高达355辆每千人。

台北市民的交通工具使用状况。统计的数据将公共交通、步行、自行车一起作为绿色交通。公共交通基本上涵盖了公交车、计程车和大型的大巴车辆，整个分担比例达到42%。

从发展趋势来看，千人拥有车辆数、机车数已经得到了比较好的控制，

目前呈下降趋缓。而台北的公交路网是持续扩张的，客流数也是稳定增长，公交分担客流数基本上趋于比较平稳的状态。所以，整个绿色交通的日出勤量增长是比较明显的。

目前因为台北有土地私有制的问题，他们的基础设施发展得非常快，所以他们现在的交通发展都是趋向于精细化发展。对于交通政策，他们也提出了四个发展方向：共享；绿能；智慧；安全。其中，绿色交通是发展的主轴。

（1）共享。共享服务这块，台北跟上海比较类似，包括共享单车、共享机车、共享汽车。值得一提的是，台北的共享单车现在做得比较成功的是UBIKE，这是一种有桩的共享单车，每年丢失率仅0.1%。从整个捷运系统的骨架来看，目前台北的捷运有五条是射线状线路，在他们的规划中是想通过环线把台北市的射线串起来组成一个射线加环的模式，整个规划的捷运的线路一共有13条。公交配套这块，因为台北的公交车是私有的，所以他们要考虑盈利。通过刷卡来统计人口分布，然后利用定制巴士和一些APP来对整个的公交线路进行优化，以保证公交车一定的客流数。

（2）绿能。首先是改善自行车的骑乘环境。因为共享单车的成功，所以台北现在考虑对现在自行车的骑乘环境进行整体优化。他们考虑独立设置自行车道，如果条件限制，也考虑跟和人行道共享。关于标识以及其他一些附属设施，尽量考虑自行车和行人之间的交通安全。

此外，他们还考虑优化电动车的停车环境，包括票证整合优惠、限制私人运具的使用等。值得一提的是，台北目前推出了一种公共运输的定期票，这个定期票是考虑将整个台北的捷运系统和淡水的轻轨，包括双北，就是台北市和新北市的公交车、UBIKE，这几种这个交通工具进行整合。他们推出了月票，月票定价为1 280台币。定价的步骤：首先是分析目标群体，就是为什么要推出这个定期票。目的还是要增加捷运和公交车的人流，同时限制私家车的出行。要争取的人群，不是对汽车有刚需的人群，而是那些平时开机车的人。因为经他们统计，平时开机车基本上每个月开销一千多台币，比月票定价1 280台币略多一点。此外，他们还做了使用需求的分析，对定价进行补贴分析。最后，得出了结论。定期票有助于运具的转移，从私人运具到公共运具的转移。目前，续购率达95%，效果是非常明显的。

（3）智慧。首先台北推出了一款叫做"台北好行"的 APP，把停车、交通路况、公车等所有的交通相关信息都整合到这个 APP 里去了；其次，他们也考虑了一些智慧交通控制方面的东西；再就是智慧停车。其实上海也是在不断做智慧交通这方面的工作，包括公交车的动态资讯、智慧公交等内容。

（4）安全。政策发展的方向就是提升交通安全。关于提升交通安全，台北从好几方面着手。他们统计了整个台北市交通事故死亡人数的年龄分布、时间段分布，还有引发的交通事故原因，从而得出来结论，交通事故在上午时段内的发生比例最高，因事故死亡的以年长者行人和年轻机车驾驶员为主的。他们统计数据后，就能够有针对性地加强交通宣传，包括一些交通的改善。另外，还对台北市的邻里交通环境进行整治改善，包括交通执法措施等，这些都是为了提升交通安全。

二、台湾的交通设计

1. 以人为本

以人为本主要体现在几个方面。一是在常规行人交通安全设施方面，在没有条件设置独立人行道的街坊，他们都通过地标包括图层，标识出专门供应行人行走的区域。这是他们为提升道路交通安全做的工作。我觉得这是非常好的，很醒目，把这个行人"行"的空间和行人的路权，做了非常好的标识。还有非机动车过街的线，在台湾如果有非机动车道，基本上就有这个标线。这是非常好地引导了自行车的骑行空间，将它与人行横道线错开，保证了行人的安全，也保证了非机动车骑行的环境。

二是无障碍设施方面，让我印象比较深刻的体现以人为本的就是无障碍设施。整个台湾的无障碍设施基本上都是以使用者的视角来进行设置的。台北的人行道上是看不到盲道的，据说这是因为年长者的轮椅、小孩的婴儿车在有盲道的人行道上推行时行驶舒适性很差，所以在台北的人行道上是不考虑设置盲道的。他们过街设施的坡道基本上都做得非常平整，和地面没有什么高差，这样其实也是保证了残障人士的轮椅车、推车推行的舒适性。

另外在铁路站、捷运站还和一些人流比较密集的地方，大门口最醒目的地方,会有非常清楚的无障碍电梯(包括无障碍电梯的位置)标识。进入楼宇以后,整个无障碍设施的引导也是非常醒目和全面的,而且很连贯。

台北车站是台北最大的交通转运中心,里面含有多条铁路和捷运,比较复杂。台北市专门委托第三方做了一个台北车站通 APP。第三方给我们演示的时候,我们觉得非常贴心的是,他们专门在 APP 里面把阅读障碍这一块都做进去了。

在学校里面最醒目的位置、最方便的位置就设置了无障碍的车位,整个无障碍通道的指引非常清楚。教学楼里面无障碍的指引也是非常完整的,能够连续指引。

出租车也有无障碍的残障人士使用的出租车,它的后备箱非常大,可以让轮椅推行到出租车的后备箱内。在室外公共场所的停车场,我们也可以看到无障碍车位设置在最醒目的位置。

2. 安全行车

提到安全行车不得不提台湾的机车,实际上台湾的机车也有两种,一种是用油的,像摩托一样,还有一种是充电的,类似于电动车。不管是用油的或是用电的,都归于机动车一类。台北过街设施基本上都是设置了一个机动车待行区,这个待行区位于机动车道的前侧,也是方便绿灯亮起的时候,机车优先通过这个路口。但是,在台北市路口的话,机车都是二次过街的。

安全行车除了机车,还有就是非机动车,非机动车主要就是 UBIKE 为主,我基本上没怎么看到台湾有人骑自己的自行车。所以,UBIKE 在台湾成功之后,他们就考虑完善整个的自行车的行车环境,设置了一些独立的自行车道,在另外的一些没有条件的地方设置了人非共板的断面。但是,即使是人非共板的断面,在地标包括铺装方面,都是标识得非常清楚,让大家都知道自己应该在什么样的车道上行走。

附属设施,在道路上面我们见得比较多的应该都是一些标志、标线,包括改建和箱体。我也看了一下台北,他们就是做了一个"合杆",包括监控等各种设施都整合在一起,达到了比较朴素的多杆合一。箱体这块我也问过他们,他们的箱体基本上也是第一家做的单位选择在道路的某一角或者某一边设置箱体,然后其他的单位也就跟在他旁边排放整齐,这是他们自发形成的一种行为。在我们看起来就非常整洁有序,哪怕颜色、尺寸规格各方面都是不一样的,但实际上看起来效果很好。

三、启示

1. 要考虑因地制宜

以人为本为什么要因地制宜呢?实际上,我们现在做的,包括道路的改造或新建,不同地方条件都是不一样的,不能一概而论,用统一的标准来做。比如台湾考虑设置非机动车道,但我们应该根据不同的条件和需求来决定是否设置。包括上海由于种种原因,人行道是不连续的,如果我们要设置人非共板,因为人和非之间的界限不是特别清楚,就会导致非机动车和行人之间对这个空间的概念认识不清楚,从而产生矛盾。而且,现在整个中心城的人流状况,包括骑车的人(我们把这电动车是算作非机动车的,和台湾有差异),量是很大的。当非机动车和人之间产生矛盾的时候,我们就要用硬性的指标把他俩界限开,否则就会产生一些矛盾。

2. 无障碍设施的设置

比如盲道,现在我们都是按照国标强制性要求设置的,但是在设置盲道的过程中,实际上有很多时候没有考虑到盲道的连续性和合理性,跟周边建筑物和构筑物的关系也没有处理好,导致很多时候盲道仅仅是为了设置而设置。建筑工程里的无障碍设施(包括无障碍电梯、无障碍厕所等设施)也一样,现在根据规范都是必须要设置的,但实用性和合理性都是有待商榷的。无障碍车位也是一样,很多时候都仅仅是考虑了我们必须要设置无障碍车位,大部分都是在边边角角比较不方便的地方,这也是存在一定问题的。

3. 多杆合一和盒箱整治

上海市从 2018 年到 2019 年一年多的时间里,也是陆陆续续发了很多技术导则,包括一些技术要求、设置规范等。在这些标准和规范里,对于箱体的颜色、规格尺寸等都有非常明确具体的要求,基本上都是黑色的,尺寸也是基本上固定的。但实际上有些权属单位觉得黑色的箱体散热不太好,他们倾向于按照自己的需求来进行设置。所以说,我们是不是也可以参考台湾，考虑就是局部的一些地方，或者是有特殊需求的一些地方，箱体或者改建可以按照权属单位的需求设置，是不是不一定把它统一成完全相同的状态。

对于精细化的研究，其实 2017 年习总书记就已经提出来了，像上海这种超大城市，城市管理应该像绣花一样精细。2018 年，上海市提出的城市管理精细化的三年行动计划，对于各方面都是有比较细的规定。在 2016 年的时候，上海市已经发布了一个街道设计的导则，在这个上海市街道设计导则里面，实际上提出的已经不是一个道路的设计，而是一个街道设计的理念，其中四点就是安全、绿色、活力和智慧，和台北市交通发展策略基本上是异曲同工的。

根据 2017 年批复的上海市的一个总体规划来看，也是要严格控制土地的规模、人口的规模，提出了绿色循环的理念。我觉得上海已经进入了精细化发展的新阶段。我们之前参加过浦东新区的"十二五""十三五"综合交通规划，目前也准备开始"十四五"。在"十二五""十三五"的综合交通规划里，对于精细化方面我们考虑的不太多，考虑建设方面的东西很多，但是我们现在开始做的这个"十四五"综合交通研究里面就是把小修小补包括精细化，也考虑进去了。我觉得这也是理念的转变，体现整个社会对精细化发展越来越重视了。

上海智能交通有限公司常光照总经理介绍了运营及技术革新驱动 IT 系统建设的情况，分析了 IT 系统建设应用中痛点成因，提出了关键技术应用路线图，具体为全息感知——不断增加的感知范畴、全息数据的整合应用——功能矩阵、全息数据的整合应用——智慧运维、云计算——城市路网大规模信息系统建设的必然选择、数据标准化、车路协同——未来趋势等，并对工程实践提出了许多建议。

城市交通基础设施智能交通系统
关键技术应用路线思考

上海智能交通有限公司总经理、高级工程师　　*常光照*

今天演讲的内容是关于城市交通基础设施 IT 系统关键技术应用的一些思考。

一、背景情况

目前,不管上海还是全国,路网范围持续扩大,同时交通的出行要求也比较高,比如,上海每年车辆保有量增加 10% 左右,虽说道路本身资源也在增加,但不足以满足这么多车辆出行的需求,那么就需要一些新技术的应用来提升道路的使用效率。另外,现在城市精细化管理对城市的智慧运营提出了非常高的要求。新的信息化技术,包括物联网技术、5G,现在已经逐步进入实用化,在上海,各大运营商 5G 布点工作推进速度非常快,今年下半年就有很多点都已经做起来了。其中,在交通领域应该是最容易产生实用性结果的,包括人车在线、人工智能的应用都发展非常快,这些技术手段为基础设施的智能化管理提供了一些支撑。

但是，交通基础设施是很复杂的主体。首先，它的管控主体、相关主体非常多元。对于公共管理部门，涉及路政、交警、公安、应急安防，这些方面都会有相应的要求；而对于资产运营管理，有建设方、承建方、运营方以及一些专业的服务机构；对用户来说，即出行的主体来说，机动车、非机动车、行人等，需要保通畅、保安全、保环境。不同的主体对信息系统的要求是不一样的。公共管理方面，更需要的是全息地获知路网的相关态势，同时快速对相应设施的状况进行了解，以此来进行设施的决策。对资产运营来说，它能保证了资产保值增值，同时最大程度上提升资产资源配置效率。公共数据，需要安全快捷地到达。那么这里就需要我们 IT 系统提供这样的需求。IT 系统需要有全面丰富的数据，同时进行数据实时交换，最后通过数据分析，提供决策方面的支持。

1. 这其中最重要的一方面就是关于运营，这是驱动我们适应未来 IT 基础设施最重要的方面。其实我们现在的建管分离情况非常严重，就上海来说，它的建设阶段进入下降区，管理需求非常大，全生命周期的模式要全方位推广。那么基于这样的条件，在设计期和建设期就要对运营期的要求进行充分考虑，能够适度打一些提前量来减小整个寿命周期的投入，提升效率，这是我们非常重要的一个切入点。

2. 另外一方面，孤岛效应非常明显，上海桥隧这么多，每个点是自己的点。一个方面，从建到管的过程很难汇聚、统一；另外一方面，就是不同点位，比如说上海大连路隧道、复兴路隧道，这两个隧道的建设时间点不一样，IT 系统的建设主体也不一样，企业不一样导致它们之前的要求也不一样，那么最终就变成一个孤立的单点。从整个建设来看，如果以 50 年周期来考虑，前端、后端不同的用户端需求都不一样，就会造成时空的隔离数据的流失，规模越大就越混乱。我们现在在运营集团里其实做了一个这样统一汇总的系统，只是把相应的监控接进去，目前来看远远达不到融合的目的。此外，就是关于孤岛程序，一方面就是软件的接口，就是数据的"非标"（非标准化），"非标"其实不同阶段建的内容、建的 IT 系统、建设标准的互联互通都存在问题。同时，报文包括一些数据格式都会造成非常多的问题，有些"非标"的软件接口对数据的联通有很大障碍。

3. 需求偏差,这里既有浪费又有缺位。说到浪费,同样是一个摄像头,摄像头的覆盖面可能是很广很多的,但是我们现在只是简单地把它做成视频的监控系统,其实这是很大的浪费。近期召开的人工智能大会,宣布了几个人工智能的应用场景,其中之一就是在运营管理方面的应用。我们在东海大桥上做这个应用,其实基于同样的摄像头、同样的视频数据,但对我们所有的设施设备,包括路面状况、车流情况等,都能够通过人工智能进行监测。这样的话,就可以在原先基础上进行,不需太大的投入,只需提供相应的感知手段。另外,有些 IT 系统的更新迭代非常快,它的延续也很强,基本上建好了,过两三年、三五年之后,就会进入快速衰减期。

还有关于人工应用和科技推广的矛盾问题。刚才说那么多需求没有方式去解决吗?其实有很多方式。比如说,我们现在的道路检测要么是依托于人工检测,就是肉眼能看的一些裂缝、平整度,要么就是依托一些高新的设备去做,效率都比较低。我们自己也开发了一套基于在普通车上加装一些简单设备的道路平整度、破损裂缝的快速检测系统,但是当真正推广的时候都会涉及非常多的问题,包括和存量资源、存量利益群体的博弈以及平衡性问题。

二、思路

有三个原则。第一,对于设施来说,不是建设驱动,而是运营驱动的原则;第二,痛点消除原则;第三,采用新技术革新,向两个方向的转变,一是"互联网＋业务"向"业务＋X"转变,二是技术向集成技术转变,建一个综合监控系统,把相应的技术放到一起。要从观念上转化,认识到不同部门管理需求不同,在这个基础上利用一些技术,形成一个统一的系统。对设施来说,最终是服务于资产管理的。但是,也要有运维管理的系统、服务于公共管理的系统、服务于出行管理的系统等,最终是利用一些新技术把事情做得更好。

这里要解决全息感知的问题。对设施来说,它们要哪些内容来服务于刚才我说目标。第一方面是静态设施的数据,包括设施本身的知识库、信息库;第二个方面是管理目标的数据,涉及运营养护、资源配置、节能降耗;第三方面是运营监测的数据,包括设施本身健康状况如何,比如说,隧道管片是不是有水,是不是有沉降,机电设备的健康状态如何,泵站的风机会怎么样? 还有通行道路本身的状态,这些就是运行的检测数据;第四方面养护维修的数据,什么时候进行的养护维修,排班过程、养护过程等内容;最后是人车的感觉、车流的速度、流量、是否超载等信息。感知这些数据,拥有这些数据之后,输入这些数据,通过一些算法和相应的模型,输出关于设施健康分析的结果,提出大中修的建议,并对管理部门提供一些通行控制、违章治理等方面的信息服务。

将全体数据整合之后,还有一些别的应用,比如说能够对驾驶进行一些诱导,也能有一些安全辅助方面的信息服务。其实这一块内容在高速公路也有很多应用。最终重点还是设施设备的智慧,对比传统运维和相对传统的监控,我们希望通过信息数据的整合达到监控的完全可视化。这种可视化不仅仅是通过摄像头去组建的,而是把整个运营过程中相应内容全部进行可视化的展示。比如说,一个风机在试泵站运营过程中,将它的点位和健康状况在一个三维模型上展示出来,并自主运维。这种自动化形成还要经历一个过程,知识库和专家决策需要一个积累的过程。

另外,因为云计算之前建立信息系统时都是一个点建一个机房,以数据库去做相应的工作,所以后续我们自己的路网设施量会越来越大。还有,在做这个的过程中,肯定要基于整体的云架构和云计算来做相应的考虑。做云支付的话,相对来说它的可扩展性、可适应性会更高、更好一些。同时,有些新的对象可以实现敏捷接入。

关于刚才提到的数据主导问题,原先数据库就是各做各的,一个客户导来形成一种云控平台和运管平台。其实,数据的标准化介入有非常大的好处。我们现在新建的系统都采用这种模式来做,新的信息接入和管理相对更为方便。再说一下刚才的例子,因为不同的路段要求是不一样的,我们现在做的话,一是主管平台要维护平台,包括两个方面,一方面,对于主管平台涉及一些流程的业务数据,还有资产管理和养护管理,主要就是服务于不同部门管理方面的需求。另一方面,移动平台主要是数据的感知中心,还有路网诱导服务,包括人工智能的应用,这些都是基于不同的点位来统一考虑的。我们前段时间刚刚在海口做了一个隧道,这个隧道是海口在江上规划的八条隧道的第一条,那么做这个点的时候,其实就是按照云的架构来进行考虑的,这只是服从于大的平台中间的一个分布式的节点,后续做的过程中就可以按照这种标准逐步拓展了。

关于数据表示的标准化,我刚才谈到了不同阶段。其实,我们对于这个事情的重视程度还不是非常够,特别是关于基础设施的数据标准化其实不是完全一样。另外就是车路协同,车路协同之前可能车会更多一点,现在我们希望在这方面能够做更多的工作,提供我们自己车路一体化的应用。前段时间我们在临港滴水湖无人驾驶测试场协助管理部门做了一个完全全息感知的虚拟仿真交叉路口,就是把交叉路口中间的这种相应的,无论是不变的还是可变的信息,实时地和虚拟空间中的路口做实时的数据交换,达到数字孪生那样的要求。我们后续希望能够在更大的面上做一些铺开,然后形成一些比较好的应用之后,逐步实现这种数字化的概念。

三、建议

第一,建立全体感知的数据中心。数据是非常重要的资产,需要充分生产、充分应用,特别是后续基于视频数据为主的数据可能非常重要,因为摄像头这一块的一些应用其实还远远没有得到充分挖掘。

第二,建立多元主体的信息划分原则以及信息共享机制。

第三,关于数据标准化制定、数据表示的标准、交互的标准和业务流程标准等都需要充分实现。

第四,当前阶段车路通讯可以简单做起来。

行业与企业论坛

数字化转型赋能高质量发展
——工业互联网＋全面质量管理

数字经济时代高质量发展

国家市场监督管理总局发展研究中心副主任　姚　雷

　　市场监督管理总局发展研究中心（以下简称中心）主要有两方面职能：一方面是组织和实施统一市场监管工作，另一方面推进国家质量强国战略。今天，我就从市场监管视角和质量监管视角谈谈我对数字经济时代高质量发展的一些基本认识。

　　我将从三个方面来做交流。一是数字经济时代给我们带来什么样的变化，有什么样的趋势，尤其要从质量角度或者质量监管角度来看这个方面；二是高质量发展有什么内涵。最近很多人在做高质量发展的评价指标体系，我们中心也有参与，如何把这个指标体系做出来，并让大家都能接受，还需要大家再做一些思考；三是推动高质量发展有什么基本的原则和路径？

一、数字经济已经成为时代的特征

数字时代是怎么提出来的？从事相关研究的人可能都知道，20 世纪 90 年代有一个美国专家出了一本名为《数字经济》的书，后来这个词慢慢就出来了。不管学理如何，大家可以看到它确实给我们的生活、工作和研究内容都带来很大影响。从我们关注的层面来看，数字经济有几个非常明显的特征。

1. 经济规模很大，在各国具战略地位。具体统计方法不知是如何统计的，有人说美国占 58%，我国可能占百分之二三十，各种数据不一样。我们中心最近要批下来共享经济标准化委员会，研究分享经济和共享经济到底怎么样。我们在做分享经济和共享经济统计时与国家信息中心有过交流，它从 2016 年左右连续发表相关文章。我们在和它交流的过程当中发现很难鉴定数字经济的发展，但我们有一个基本判断，就是它的规模不断扩大，在各国的战略地位不断提升，各国都对数字经济有一些战略性的安排。这点在我们国家表现得也很清晰，十九大报告中明确有智慧中国、推动数字经济和共享经济发展等内容。

2. 与产业高度融合，不断催生新业态。与产业高度融合越来越紧密，甚至有可能在新一轮产业革命或技术革命中带动产业发生非常大的变化，其中新的业态在不断出现。去年 11 月份我去德国交流时，得知德国有 351 个职业，很多新职业很难纳入 351 个职业里面去，这该怎么办？他们也在琢磨，数字经济时代带来的新业态的发展变化是各国都要考虑的问题。

3. 共享经济、数字经济成为主体，该如何审慎监管。我在 2019 年 6 月份刚参加过一个会议，当时大家对于共享经济的概念还没有非常完整的定义。共享经济是什么，它的特征有什么？6 月 12 日刚开完的那个会正在界定这个内容。大家有另外一个基本判断，那就是确实现在数字经济是时代非常重要的表现，但同时也存在很多问题。因此，希望从规范发展的角度去推动它。那么，政府该做什么？企业该做什么？后面我会提到以共享经济为主体的平台经济体系，从市场监管部门角度分析它到底负什么主体责任。

我将引申审慎监管、包容监管的概念。我们希望推动共享经济、数字经济发展，但要让它规范发展。

4. 对经济社会治理模式影响深远，从政府监管到多元共治转变。这点很重要，我看过一篇文章从几个方面讲述了数字经济时代对治理模式的影响，包括消费模式、产业模式、监管模式、贸易模式等，甚至世界经济贸易体系的重构和数字经济都有一定关系。

二、深刻理解高质量发展内涵

十九大报告提出，要实现高质量发展。之后，国务院发展研究中心原副主任刘世锦写过一篇文章阐释高质量发展到底是什么。我认为，从十九大报告角度认识高质量发展，其核心就是要建设现代化的经济体系。建设现代化的经济体系，主要有三层意思。第一是要以质量第一，效益优先，从供给侧结构性改革入手，从推动质量变革、效率变革、动力变革入手，建设一套新型的现代化经济体系；第二是建立产业体系。我印象中至少有实体经济、科技创新、现代金融、人力资源协同发展的这四个产业体系；第三是市场体系，市场规则是有效的。政府与市场关系一定要有效，微观主体要有活力，宏观调控要有度。高质量发展至少要从这三个角度入手。

对应这三个角度，我个人觉得至少有四个重点是高质量发展需要把握的内容。一是不断增强国际竞争力。从产业链的角度，要努力从中低端产业链往中高端走。二是不断提高产品和服务质量。要让老百姓有获得感，让企业得到实实在在的好处。三是持续优化产业结构。产业结构优化要从粗放式到精细化，战略性新兴产业占比要高。有些同志看到了我国 500 个品种有 221 个占世界第一，221 个世界第一里面的产业结构是什么情况呢？可能需要大家做进一步分析。四是转变生产方式。要按照环保、可持续的生产方式发展。

三、推动高质量发展的基本原则和路径

怎样实现高质量发展？至少要解决六个核心问题，做好八项重点工作。

（一）六个核心问题

1. 政府和市场关系问题

十九大报告中这句话大家要好好学习理解和把握："让市场在资源配置中起决定性作用，更好发挥政府作用，要实现更有力度的宏观调控，三方面缺一不可。"这一轮改革目的就是要让政府简政放权。"十三五"市场监管规划提出了 3 个环境建设，很容易把情况说清楚。一是要建立宽松便捷的准入环境，所有市场主体进入要一致，对任何主体都不歧视，哪些方面有歧视性的政策就是我们要纠正的问题；二是要拉一条市场的公平线，建立一个公平竞争的环境，让所有市场主体在里面享受同样待遇，这可以延伸到竞争政策与产业政策的问题；三是实现安全放心的消费环境。这三个"环境"建设了，政府和市场关系处理就基本到位了。但政府和市场关系的问题，是一个永恒的话题。国际上所有经济学流派都是围绕市场和政府关系怎么处理来划分的。什么是最合理的？现在还没有一套成熟理论。照搬照用是无用的，我们要去探索，慢慢解决这些问题，从实践中找到更好的解决方案。

2. 竞争政策与产业政策问题

大家都知道林毅夫、张维迎在北大的那场产业政策之辩。我赞成要有产业政策，市场组织和调动能力非常重要，任何一个国家都需要一定的市场组织，西方管理体系也一样，都需要市场调动，只不过是方式不一样。产业政策有必要，但产业政策一定是要有竞争政策，竞争政策是核心基础。什么是符合竞争政策的产业政策？一定是普惠式的产业政策才符合竞争政策的大体系。监管部门在各地制定公平竞争审查制度，就是要确保产业政策合乎竞争政策的核心要求。

3. 企业主体责任问题

我曾经问过一些同志，企业主体责任到底是什么？没有人给我一个非常明确的回答。我就去查涉及企业主体责任的相关法律，也没得到我想要的答案。各种不同的法律，除了市场监管部门，不同领域都会对各自的企业有主体责任要求，但是赋予企业过多的主体责任也是不对的。我提出了一个问题，国家市场监督管理总局专门立题研究什么是企业的主体责任，以及平台企业的主体责任到底是什么？企业要负责,但是不能负所有责任。如"简政放权",不能"简"到给企业加绑。

我个人认为,一定的历史经济发展阶段,企业的主体责任可能也是不一样的。大家需要思考,我们这个阶段企业要负什么主体责任。平台企业的责任是什么？平台企业和其他企业的责任可能也不一样,它是一种新业态,是平台性模式。治理结构中,我们认为增加了一层,不同于过去的产业联盟,也不同于行业组织和单一企业的性质。

最近,我们和一个比较大的平台公司交流,平台公司说他们现在有一百多个人在研究平台企业到底要承担什么责任。他们认为,政府不能要求他们太多,市场、消费者也是,大家都有责任。我希望进一步研发和思考,把这其中的责任界限理清楚。

4. 消费者权益问题

刚才我讲了两个灵魂,分别是竞争政策和消费者权益。保护生产、监管都一样,没有消费者至上的理念,很多工作就做不好,产品也做不好。为什么树立以人民为中心的观念？因为任何产品,在设计政策或生产过程中、寻求诉求过程中,如果不以消费者诉求为出发点,很多问题都得不到很好的解决。

一方面,从市场角度看消费者权益很重要;另一方面,虽然很多企业都在做以顾客满意度为中心的工作,但具体做得怎么样,企业家们可以拷问一下自己。

5. 安全底线

安全和发展的关系到底是什么？安全一定是底线。从标准角度看,我国的安全性指标非常多,和国外几乎没有太多区别,性能指标标准比较少。为什么安全问题还是层出不穷,这可能是下一步工作要好好解决的问题。

什么时候消费市场真正变成了一个安全放心的市场,发展自然会上去,安全和发展的逻辑关系大家要落实。曾经我有过一个想法就是怎么体现优质优价？当年我写过一篇内参,提出要实现优质优价,但实际操作过程中发现最终还是只有安全底线问题解决了,优质优价问题才可以更好解决。

最近,各个地方都在出不同的地方标准,大部分以发展为导向。我到几个地方调研都讲,假设以安全为导向可能更好,如果上海地区的生产、消费、环境变成一个盲选的地区,上海的品牌就真正出来了。

第一个境界要实现盲选,消费者只要在这里买东西就是放心的、是安全的,不用做更多考虑。第二境界要产生质选,什么时候产生优质优价,适合柔性服务。这也是我们下一步的奋斗目标。谁率先建立起来安全放心的环境,就可以发展受益,这是本人的观点,可以供大家参考。

6. 质量教育问题

我们缺乏质量人才,意识不够。讲一个德国把质量的理念纳入批判式思维的例子,1968 年调整了一次教育法,核心概念就是以批判式思维解决产品的可靠性问题,解决规则意识问题。后来我跟他们交流,最大的困惑就是我讲质量他们不懂,但是我讲质量要素就都懂。因为 351 个行业里面,每个课程体系里都纳入了我们今天讲的质量要素。

不合格怎么办? 怎么控制? 这些问题都会不断地出现在学习过程中。我当年曾经想做质量通识教育,去了德国。我发现质量通识教育达不到德国的这套体系水平,因为这套体系已经被打碎了、被揉烂了,放到它所有批判式思维的教育体系里面。

11 月 7 日我们会在上海进博会期间举办了一场隐形冠军的论坛。我们把《隐形冠军》的作者西蒙请到现场,《隐形冠军》这本书,列了 200 多条,探讨如何成为隐形冠军——把质量常识做对就够了,不要搞太多质量创新,把现有质量常识做够、做好,坚持下来,企业就有可能成为隐形冠军,这也是其最核心的概念。由此看来,教育和质量理念的养成非常重要。

(二) 八项工作

1. 重视与实体经济融合发展。数字经济时代,我个人希望不是空对空,数字经济有很多新业态模式,但我认为与实体经济的融合发展才是最有前途和前景的;

2. 增强质量工作的战略认识。大家容易把质量的工作放掉,很重要的原因就是质量的基本特征——长期性。最近有专家在做一些概念,质量回报率周期比较长。有人做过研究证明有些东西回报率比较快,我还没有看到这些数据。从我本人感觉,质量工作确实是长期性工作,坚持下来最重要,企业一定要有质量理念和质量方针。

9月12日在芜湖的一个会议上,我正好碰到奇瑞汽车的老板。他说前期工作不知道怎么干,后来赶上了很多机遇就干起来了,再后来发现企业要干好,没有质量这套东西是不行的。前5年快速发展,后面慢慢进行质量补课,再后来产生质量创新,产生了质量环境的溢价问题。

3. 营造放心安全的消费环境,优质优价、质量大数据价值。质量数据应用不够,如何更好呢?在长沙的一场论坛里提了一个很有意思的概念——第四方平台的建设。质量要素很多沉浸在检验检测机构/认证机构、标准化服务机构,没有很好地串联起来。只有把质量大数据形成串联,才可能会更有价值。

4. 利用质量工具,比如标准化检测等质量工具。最近国际上还有一个新概念"NQI"——国家质量基础设施。这个也非常重要,大家可以去学习、了解。

5. 推动质量服务机构市场化发展。我们国家质量社会化服务机构太少,需要政府部门好好培育。

6. 培育产业联盟的第三方主体。以产业联盟为主体的机构产生核心概念,一定要企业当龙头而不是依靠政府来推动,可能培养阶段是政府搭台,但最后唱主角的要是龙头企业,尤其是以龙头企业为主导的产业联盟的形成,做标准、质量推广,行业管理和技术创新。看看德国、瑞典、英国、美国就会知道产业联盟的重要性有多大。

7. 抓好质量共治。

8. 培养质量人才。培养人才有很多层面,有领军型人才、战略性人才、技能技术人才等,质量意识和质量氛围方面我们国家做得远远不够。

面向业务创新和数字化转型的敏捷架构

The Open Group 全球 EA 副总裁兼亚太区总经理　**克里斯·福德**

今天我介绍的是面向业务创新和数字化转型的敏捷架构。"敏捷"这个词含义很多,我会谈到业务创新、数字转型等。怎样更好地管理纷繁复杂的企业? 架构和敏捷性是非常重要的。在讲敏捷企业前首先谈一下企业,企业在英文里面指的是各种各样的公司,在中国一般翻译成企业的只是一种盈利性机构,和我说的敏捷企业是不一样的,在英语里面"企业"是一个宏观概念,包括政府、慈善机构、盈利机构及非盈利机构。我说的"企业"是广义的,而不是中文里狭义的企业。

再讲一下我自己,我是 The Open Group 这个组织的总裁,负责中国业务运营以及一些标准,也有业务会涉及用敏捷的管理方法帮助企业实现数字化转型。The Open Group 是一个供应商和技术中立的国际联盟,主要业务是技术标准和认证开发,有 700 多个会员,包括政府组织、大型企业,及很多小企业。我们会组织各种行业论坛活动。

企业敏捷

敏捷企业,顾名思义,这些企业需要创新的能力,需要变得非常敏捷。

敏捷架构可以帮助企业实现数字转型，提高效率。敏捷到底意味着什么？怎么样才可以变得更加敏捷？首先你需要了解"敏捷"这个词的定义。企业敏捷可以简单概括为五个维度：警觉、可获取、果断决策、迅速、灵活。你的公司要想变成一个敏捷企业，必须要满足这些条件，不仅仅是软件开发，还有很多其他要求，只有这样才可以让企业达到敏捷。企业价值驱动的敏捷，企业需要同时进行变革和优化，需要关注技术发展和运营效率，这两件事情要同时做。如果企业条件非常好，有很多钱进行投资，你可以有很多选项进行变革。但是，如果企业条件并不是特别好，或者只是聚焦在质量方面，你可以在企业内部进行一些优化。所以企业架构可以让以上这两方面在最佳的时间进行。

数字化转型

数字化转型"从根本上而言是战略和运行模式的转变，在这一过程中，利用技术进步提升人类体验和运行效率，实现产品和服务的演进，从而保证消费者忠诚度。"数字化转型的框架包括七个部分：业务转型、客户参与和体验、产品或服务数字化、IT及交付转型、组织文化、战略、生态系统和商业模型。真正的转型，像蝴蝶的发育过程——从一个蛹不断生长发育，身体有一些变化，最终是结果的变化，这就是转型的意思。这个原理也适用于公司。就你公司目前的运营方式而言，如果想要破茧成蝶，就需要有很多的变化，你需要在公司内部进行很多变革，完成变革之后，结果会是非常美丽的。

优化和转型相较而言并不是非常大的变革，但也是不容小觑的。你需要提升现有业务活动和产品效率，可以引入一些管理活动来提高现有的效率。每天的运营当中有很多业务功能，如果发生一些问题让你无法向你的股东交代，你就需要变革，要不断地对公司内部进行优化，解决现有的问题，这一点也是非常重要的。

数字化转型有各种各样的案例，这里有一些成功案例。印度政府宣布要进行转型，整个公共服务系统要实行转型和数字化。他们和我们进行合作，让我们帮助他们进行公共服务的转型，不管是私营企业还是公共部门都要进行转型。我认为这样的转型非常重要，有很多国家的GDP非常好，购买力也很大，所以他们迫切希望改善他们的公共服务水平。

客户、平台和生态系统

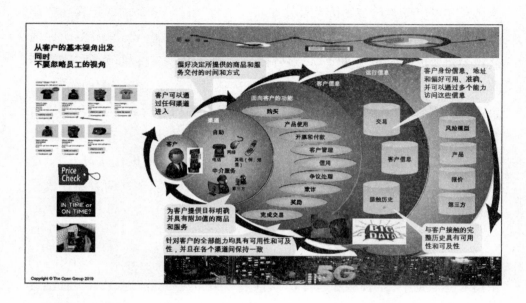

这是从客户角度进行观察的内容。这里有一些圆圈表明有些运营是在公司内部进行的。你在公司内部做这些事情的时候，可能特别注重于面向客户的功能部分。数字化转型中，想要打开思路，不仅仅要关注自己内部的事情，还要从客户体验角度进行考虑，从社会和员工的角度考虑问题。如果你一开始从客户角度考虑问题，比如开发一些智能终端设备让客户更加满意；比如看他们的生产计划能不能按时完成？给客户提供的产品价格是否合理？不管是移动的渠道、短信渠道还是社交媒体的渠道，他们希望服务可以通过各种渠道到达客户端。此外，他们也需要非常精准的后端信息，及时了解所有交易的信息，不仅包括现在发生的交易，也包括历史的交易数据等等，所有的信息都可以非常快速地获取。接下来就要进行风险评估，看一下到底哪些产品是客户更感兴趣的？第三方怎么交付这些业务？信息是从风险模型、产品报价到第三方包括客户接触的完整历史和可达性、可用性等等。现在有了5G高速分析工具、大数据和AI，借助于这些新的技术我们可以更好地给客户提供明确的产品和服务，并使其更具有附加值。

其实，转型不仅限于一种商品、一件产品、一个地点或者一次性的交易，绝对不是一次性的。你一定要有一个通盘考虑，期望值也很高。客户需要集成性的服务,而不仅限于一种出行交通工具,他们需要集成式服务,你要了解客户到底需要什么。在经济发展过程中,如果你做得不到位,你这个供应商可能就会被替代。你不能只看自己企业内部的平台,这是不够的,当然这是最根本的。平台不能只满足于自己内部的平台,还要考虑整个生态系统,考虑平台之外其他的利益相关方。

敏捷与变革

The Open Group 今年推出了新的 TM 标准,叫做敏捷架构。数字转型绝不只是 IT 部门的事情,我们需要公司的战略和文化,IT 是一部分,但是绝对不是全部。现在很多企业转型只是 IT 方面做得比较多,其他方面却差强人意。你不能只是从技术角度考虑转型,那样的话只会误入歧途。怎么实现这个生态系统的闭环? 刚才我谈到的七个方面是不可或缺的,比如包括业务转型、产品的数字化、客户参与、IT 的交付、生态系统、战略等等。同时获得管理层的支持来进行架构方面的设计也很重要,这是理论和实践结合的,不是我们自己凭空想象出来的。这也是 The Open Group 一直和客户进行不停沟通和交流,共同拟定出方向。

最后提出 O-AAF 业务和运营模式法律法规与政策。以结果为导向的数字架构和模型在中间,外面是业务模型、战略市场、职责;自适应运行模型;数字平台等等综合系统。

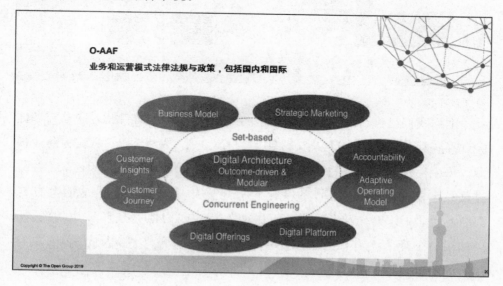

　　下面看一下 O-AAF 维度、问题和场景。第一个是转型的维度。第一步叫做新的工作方式方法;第二步是管理体系;第三是组织架构,大家在转型过程当中要考虑人力资本这个问题。我给大家三个转型顺序,你选 1、2、3其一或其二还是三个同时进行? 现在你要考虑和现有的管理体制相比是不是有一些新的工作方法? 工作方法和现有管理体制是不是有冲突? 然后再进行组织架构的变化,进行新管理体制的部署。组织架构包括瀑布性、大爆炸型的,这是不同的企业场景。谈到实践,我们称之为 O-AAF 的敏捷架构的框架,这个转型是双重转型,一方面是数字转型;另一方面是敏捷性转型。原来是从产品来考虑的,现在可能要从项目的角度考虑,这就是适应性的运营模式变化。包括自内而外进行赋权、模块化、领导力的建设等等。

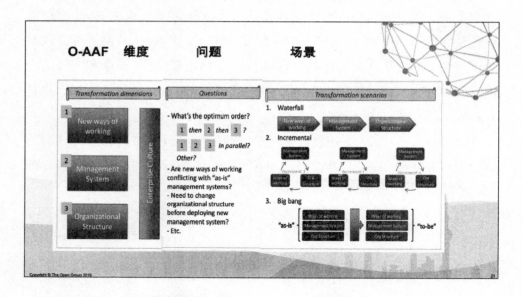

　　上面我们已经讲过了数字化转型的七个杠杆:业务转型、客户参与和体验、产品或服务数字化、IT 及交付转型、组织文化、战略、生态系统和商业模型。每个杠杆都可以进行扩展,七个都很重要,万一错过某个环节或者跳过某一个杠杆走捷径的话,数字化转型将受到威胁。简单讲这七个杠杆都要涵盖,缺少哪一环结果都会不尽如人意。因为他们是环环相扣的,所以如果一个环节没有做好,结果可能就非常具有破坏性,因此,必须要有统筹的宏观设想。

开放组体系结构框架（TOGAF）

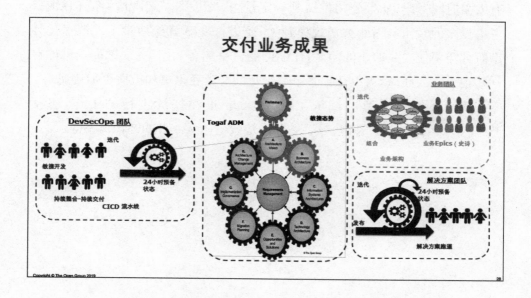

TOGAF 已经在业务创新和优化中广泛应用。那么，在敏捷企业中如何用 TOGAF 架构和交付完成业务解决方案的制定，这是很关键的。这是一个架构，谈到产品开发团队，如果是以产品为聚焦点的一共是七名成员，两名可以上下进行浮动的，包括架构师、测试人员、产品负责人、开发团队、SME、工程师还有敏捷专家、业务分析师以及 UX 设计师。每个团队成员都有自己的职责所在，如果考虑你所在的机构进行数字化转型的话，往往在这些职能部门都要分成类似的小团体。根据 TOGAF 是以结构为导向不是项目为导向的结构框架，TOGAF 右上角业务团队包括迭代、组合、架构构成，中间这个架构 TOGAF ADM 敏捷的态势情况，通过这个看一下自我驱动的敏感型的小型团队能够给你交付所需要的成果。我们有不同的阶段——包括产品 Sprints、利益相关方评估还有其他的技术，就是敏捷大师所使用的工具，架构已经谈到这一点了，通过能力架构支持 Sprint 产品，可以和 Sprint 绑定实现交付和指导。刚才是七个成员上下浮动两名，现在改动了一些。为什么这么做？这里面有更大的灵活度了，架构师的作用在不同阶段职责不一样。

很多公司从一开始创建到发展一般都会经历一个过程，需要考虑安全方面的因素，也要考虑质量的问题。在发展初期，你对于质量和安全可能没有太多时间考虑，如果公司发展到一定规模，增长到一定阶段，你就必须要考虑更多的东西。当然公司规模越大，要进行变革就更加难了。数字化转型时你需要成立一些小的团队，让他们变得更加有效率，更加敏捷。可能有一些很多小的团队，可以让你整个数字化的变革变得更加敏捷更加快速。

　　我们来做一个总结，The Open Group 正在持续进行的工作，包括 TOGAF、敏捷 EA、IT 管理、数字平台以及数字化从业者的知识体系等。

工业互联网平台安全建设

国家工业信息安全发展研究中心
工业互联网安全研究所研究部主任、博士

王冲华

大家好！我是王冲华,受国家工业信息安全研究发展中心(以下简称"中心")主任何小龙委托,给大家汇报关于工业互联网平台安全相关的知识,非常荣幸受到主办方的邀请,在这样一场盛会和大家一起分享学习交流。我是站在网络安全和信息安全研究者和从业者的角度来讲述工业互联网平台可能会面临的一些安全问题。

我的分享主要有以下四个方面,首先简要介绍一下工业互联网平台的体系架构,接着分析现在平台的安全挑战和风险,再是国内外从政府层面到企业层面怎么加强工业互联网平台安全防护的现状,最后给出对工业互联网平台的理解和防护建议。

一、工业互联网平台的体系架构

我们"中心"之前发过工业互联网平台发展创新白皮书,当然也有其他的单位发过相关的白皮书以及现在工信部引用的一些文件对于工业互联网平台的架构，目前认同比较一致，它是面向制造业、数字化、网络化、智能化需求，构建基于海量数据采集、汇聚分析的体系。这个体系架构主要有以下四个层次：

一是边缘层。通过边缘设备，大范围、深层次的数据采集，做一些数据协议的转换以及边缘处理构建工业化平台的数据基础；二是工业 SaaS 层。就是云基础设施，阿里云、腾讯云都和工业互联网平台合作，为它们提供云基础设施；三是工业 PaaS 层。叠加了很多大数据处理和工业数据分析服务，构建可扩展开放式云操作系统；四是工业 IaaS 层。形成工业互联网平台最后落地的工业 APP。

我们对国内现有工业互联网平台做了调研分类，第一是能够为设备和产品管理提供设备状态监测或者报警故障诊断等等；第二在业务和运营优化中能够打通 OT 数据和 IT 数据支持企业传统业务的优化，最后通过社会化资源协作融合工业、金融、服务等资源。我们国家涌现了很多工业互联网平台的企业，以海尔和三一重工为代表的制造业企业向专业平台公司转化，徐工信息和浪潮等传统系统解决方案提供商业也在向平台解决方案提供商转型。

前段时间工信部发布了跨行业、跨领域十大工业互联网平台，每家企业平台提供的侧重各有不同，以华龙讯达为代表的机器宝能够为设备连接做很好的优化，我们去现场调研过，他们用机器宝采集工业数据上传到工业互联网平台做大数据分析。阿里云操作系统以及华为 Fusion Sphere 更多关注数据存储和处理。

二、工业互联网平台建设过程当中会遇到什么安全挑战和风险

工业互联网平台的安全极其重要，向上连接应用生态，向下要连接海量工业设备和边缘设备，是全生产链各环节实现协同制造的纽带，也是工业数据采集、汇聚、分析和服务的载体，不仅关乎生产安全，甚至还关乎社会安全、国家安全。

从工业互联网架构平台来看，安全本质不外乎几个层次，第一是边缘层的安全风险，再是工业 IaaS、PaaS、SaaS，最后是贯穿于四个层次的数据安全

风险。

1. 边缘层的安全风险

在边缘层风险主要体现在以下几个方面：一是现在边缘计算用的智能传感器,边缘网关等边缘终端设备因为资源有限安全防护能力比较薄弱,一些传统的访问控制等安全机制,可能在设备上无法实现;二是数据采集、转换和传输过程中,数据也会面临增添拦截篡改等风险,攻击者可以利用设备漏洞对工业互联网平台实施大规模的拒绝服务攻击。

边缘设备有几件非常典型的安全事件。2018 年一个叫做 VPNFilter 软件攻击了乌克兰基础设施氯气站,也曾经入侵至少 50 万台路由器和网络附加设备,攻击原理第一步就是恶意软件在设备重新启动过程中会把病毒植入进去获得一个立足点;第二步会通过文件收集命令执行等重新引导设备;最后为前面两步提供附加的插件,比如用数据包收集设备经过的流量。还有一个比较典型的事件是 Mira 的病毒,以物联网 IoT 设备为感染目标形成大规模的僵尸网络。它利用 IoT 设备的漏洞,像寄生虫一样存在在这个设备中,针对目标网络发起大规模的拒绝服务攻击,这个病毒曾经造成北美大面积网络中断,包括比较主流的域名服务商 DYN、亚马逊等,感染的设备达到 50 万台。在工业互联网平台中,攻击者完全可以利用边缘设备向工业互联网平台发起拒绝服务攻击。

2. 工业 IaaS 层的安全风险

工业 IaaS 层风险和传统云是基本类似的,现在云更多采用虚拟化技术。虚拟化其实有很多漏洞,曾经阿里、腾讯几个实验室发现了很多虚拟化本身存在的漏洞,利用这个漏洞执行虚拟机逃逸以及跨虚拟机之间的侧信道的攻击,这种攻击一旦成功实现,很有可能出现你在一台虚机用户的数据完全可以被另外一台虚机用户窃取的情况。当落到工业互联网平台中,有一个明显的序列在工业互联网平台可能利用第三方云基础设施,也可能建立私有云。你在使用第三方云基础设施时就会存在到底谁为数据安全负责,导致数据安全责任边缘不够清晰。

2018 年有一个安全圈讨论非常火热的漏洞——"熔断"与"幽灵",就是 CPU 芯片的一个漏洞。处理器为了提高性能不按照传统指令执行,对指令分析之后采取乱序执行的方式，给攻击者带来了一定的可乘之机。就出现的"熔断"和"幽灵"漏洞使攻击者利用 CPU 的乱序执行，执行跨虚拟机的侧信道的攻击而言，当时影响的云服务商有很多，包括亚马逊、微软、谷歌、阿里云、腾讯云等，基本都遭到漏洞的攻击。

3. 工业 PaaS 层的安全风险

工业 PaaS 层的风险，除了传统的 PaaS 层会感染病毒、木马之外，现在更多采用的是微服务形式，是存储在轻量级虚拟化的容器中。由于工业应用开发工具以及微服务组件本身也存在很多漏洞，虽然带来了便利，但是隔离性非常弱，很容易遭到跨虚拟机的攻击。工业大数据分析过程当中，涉及工艺参数、产能价值及数据都是带有非常高价值高敏感性的，如果被黑客入侵导致敏感信息的泄露，后果是非常严重的。

4. 工业 SaaS 层的安全风险

工业 SaaS 层的风险，由于工业微服务组建、功能复杂、安全设计规范的缺乏导致漏洞非常多。再者就是平台数据风险，平台数据涉及边缘设备、采集数据、传输到平台过程中，从采集传输阶段就存在安全风险。平台运行过程中，数据怎么存储到这个平台可能会遇到一些安全风险。一些工业企业可能在这时候使用了这个工业互联网平台，下一次迁移到另外一家导致数据迁移过程中数据泄露或者备份的安全风险。

2018 年我们中心协助工信部组织开展了工业互联网安全检查评估工作，涉及 20 家典型工业互联网龙头企业的 213 个重要工业互联网平台，发现了很多安全问题。比如某些工业互联网平台访问控制措施不足，非特权的人员能够访问高权限的信息；某些工业互联网平台可以被权限绕过，以及平台敏感数据可能泄露。

三、怎么加强工业互联网平台安全防护的现状

工业互联网平台遇到的安全挑战和风险，国内外不管从政府层面还是从企业和学术界层面都在开展加强工业互联网安全的防护工作。美国政府从工业互联网涉及的工业控制系统、物联网、大数据等角度加强工业互联网安全的保障，其中美国的工业互联网联盟也发布了工业物联网安全框架，指

导工业互联网安全防护工作，美国国家标准研究院也发布了工业控制系统的安全指南来指导工业控制系统的防护工作。德国推进工业 4.0 战略的同时，非常重视安全保障工作，发布了工业 4.0 安全指南。日本在制造业白皮书中同步发展安全保障工作。我国也在积极推进工业互联网平台建设和安全保障工作，2017 年国务院发布了《发展工业互联网的指导意见》，明确了将安全作为工业互联网三大体系之一，提出要加强工业互联网安全的体系研究，包括平台安全、控制安全、网络安全等工业互联网多层次的保障体系。

2019 年 8 月工信部正式发布的《关于加强工业互联网安全指导意见》里面明确提出要强化工业互联网平台的安全，要求工业互联网的建设运营单位，按照相关标准去开展平台建设，在平台上线前要进行安全评估。针对前面提到的边缘层、IaaS、PaaS、SaaS 这些层次部署不同的安全防护措施，提出要加大对工业互联网安全技术研发和成果转化的支持力度，包括平台安全。

标准方面，2019 年我们"中心"和中国电子标准研究院共同起草了《信息安全技术工业互联网平台安全要求及评估规范》，目前属于征求意见稿阶段，预计今年或者明年上半年就会正式发布，对工业互联网平台建设、运维和技术等方面提出安全性、防护性、规范性指导。不同单位也在同步推进平台相关的白皮书的撰写。

国外典型工业互联网平台，从比较丰富的角度保护安全，西门子在边缘层部署了网关型硬件设备，防护边缘层到平台之间的安全性，提出面向云端的通信，保障工业现场数据采集与传输过程的安全。

在我国这些典型平台，我们"中心"依次和这些平台的安全负责人调研过。比如海尔平台里面有研发专门的海安盾安全防护系统，做整个平台的 PaaS 感知以及业务系统的安全分析。航天云网建立了云及虚拟化的病毒库、漏洞库，支持对工业 IaaS 层入侵检测、漏洞扫描等功能。三一重工也在研发大数据日志分析平台以及平台主机应用的安全审计等。

四、对工业互联网平台的理解和防护建议

基于国内外对于平台安全的防护现状以及工业互联网平台面临的安全风险、防护对象和影响范围。我们"中心"也在支撑工信部一些司局提出相

关的指南或者防护的方案。

美国标准研究院发布过关键信息基础设施的保护框架，从安全事件的全证明周期提出一些识别防护、监测、应急、处置恢复的安全防护流程，在防护指南里面也有一定的参照。我们从几个方面，首先在平台运行安全；其次是平台云计算服务安全；再是平台软件安全；再到数据安全；最后落地到平台企业的安全责任。

1. 平台运行安全方面。比如怎么从资产管理的角度对平台硬件设备或者软件设备做资产标识和管理，怎么对出现的漏洞做及时的补丁升级，或者当系统进行重大配置设备变更时，怎么保证原来的安全测序还能依然有效。

识别出这些潜在安全风险之后，就要对整个平台安全做一个防护的加固，比如从前面提到的几个层次，不管是边缘还是 IaaS、SaaS 这几个层次做不同的防护措施，部署一些访问控制或者安全审计，保证平台运行的安全性。在防护基础上做平台安全事件，比如怎么定期检测安全，平台安全可能会出现的风险或者对运行状态做一个态势的感知。最后根据可能会出现的安全事件提出应急预案或者采取一些处置措施。平台安全要求国家标准中，从边缘层安全、管理层安全提出了针对平台运行安全的要求。

2. 平台云计算服务安全。云是支撑平台高效有序运行的技术保障，但是也不外乎传统对云的防护架构，针对虚拟机的身份鉴别，访问控制、入侵检测这些安全机制，再者怎么隔离云中不同的租户或者不同网络或者不同虚拟机之间的隔离，做好防范的跨主机、跨虚拟机的攻击方式。目前在云方面也已经发布了国家标准，叫云计算服务安全能力要求，从系统开发与供应链安全应急响应与物理环境安全等方面对云的基础设施提出了相应的防护要求。

3. 平台软件安全。因为工业互联网平台汇聚了海量微服务组件和工业软件，怎么保证软件在开发运行和运维全生命周期的安全呢？比如第一点怎么建立开发和测试环境，开发和测试环境怎么与上线环境做一个很好的隔离，在安全开发规范当中怎么制定微服务组件 VPI 接口开发规范，在软件安全审核和平台里面的微服务组件，工业 APP 上线之前怎么做代码审计，脆弱性检测等安全审核。前面提到的标准从微服务组件安全、平台应用、开发环境安全、身份鉴别对工业 PaaS 层提出安全防护要求,从工业 APP、身份鉴别、安全审计等不同角度对工业 SaaS 层提出了相应的防护要求。

4. 平台数据安全。首先一方面要加强数据安全的管理工作,比如怎么对工业数据做一个分类分级的管理,根据分类分级,数据影响范围和敏感程度怎么部署不同的防护措施,再者是数据接入、存储、传输、使用、迁移全生命周期过程当中,怎么做好数据的冗余备份加密监测包括数据的数源。

5. 最后要落实平台安全的责任。针对工业互联网平台企业建立平台安全管理机制,落实平台安全的主体责任,明确安全管理责任人,部署相应安全防护措施。再者因为涉及很多第三方服务商,应用开发商以及用户,怎么通过一些协议约定不同方面的安全责任和义务,怎么督促落实安全。工业企业方面,前两年工业企业发布了《工业控制系统信息安全的防护指南》。

最后简单说一下"中心"在工业互联网平台安全中的工作。牵头编制一些政策与标准文件,指导平台安全防护工作。比如国家标准、平台安全,我们在为国家制定行业级工业互联网平台行业要求,也在建设国家级工业互联网安全综合保障平台,建立在线监测网络、应急资源库、仿真测试平台,在重要的工业互联网平台企业、工业企业部署安全态势感知节点。

以上就是我对平台安全的一些粗浅理解,非常希望线下能够与各位专家共同交流,一起探讨工业互联网平台相关安全技术,一起筑牢我国工业互联网安全防线。

工业互联网赋能高质量发展

上海市经济和信息化委员会信息化推进处副处长　山栋明

　　上海是工业时代的城市，我们从工业时代走来，带着强烈的工业基因。现在从工业时代走来的城市面临哪些挑战？第一是技术本身的演进。前面几位专家都在说的 5G、云计算、大数据、人工智能等等一切，这些技术会给我们带来全新的挑战，促成生产关系和生产力的重要变革；第二是工业领域企业转型发展的内生挑战。从工业 2.0、工业 3.0 走来的工业企业，特别是在当前中美整个大的贸易争端及全球经济下滑的背景趋势下，上海工业企业或者中国工业企业的转型发展，必然面临内生挑战。人口红利基本告一段落，传统自动化的红利也基本告一段落，接下来工业转型发展的红利源自哪里，这些问题对于企业来说要不断的探究；第三上海处在新的时代方位。这个时代方位是什么？它有自身的时间坐标、空间坐标。从时间坐标来说，现在向前看经历了高速发展的历史阶段，向后看，网上很多段子说，突然发觉 2018 年可能是未来 10 年最好的一年。我们需要找准我们在时间当中的坐标，同时还有空间坐标需要摆正。空间坐标是中央赋予上海的三大新任务和一个重大平台使命。除了科创板之外，另外两个都是和空间高度相关

136

的——一个是自贸区扩区要站在更高水平对外开放的视角上，找准上海在全球竞争中的定位；还有是长三角一体化国家战略，如何围绕长三角一体化，将长三角打造成为先进制造业高度集聚的区域，这不仅仅是在思考上海的问题，也是在思考国家战略在上海、长三角落地的问题。还有进博会的重要平台，2019 年 11 月初第二届进口博览会在上海召开，如何充分利用进博会的载体提升上海发展，这是我们需要考虑的。

我们可以做一个基本判断：工业互联网是为经济高质量发展赋能，打造数字经济新跑道的重要契机。互联网上半场属于消费互联网时代，那个辉煌时代属于 BAT，属于杭州，属于深圳，属于北京。下半场我们认为工业互联网或许就是互联网的下半场，这样的下半场对于带着工业基因的城市来说恰恰是有机会的，我们希望利用这样一个下半场的机会形成数字经济的新跑道。

一、工业互联网定义与机理

既然谈工业互联网和高质量发展，那么，工业互联网和高质量发展之间的作用机理是什么呢？工业互联网是连接工业全系统、全产业链、全价值链，支撑工业智能化发展的关键基础设施，是新一代信息技术与制造业深度融合所形成的新兴业态和应用模式，是互联网从消费领域向生产领域、从虚拟经济向实体经济拓展的核心载体。工业互联网作用高质量发展应该有一些表征性的东西：第一个是加法变乘法；第二个是从互联变融合；第三个是从局部到整体；第四个是从数据资产向知识资产转变。过去消费互联网时代强调数据资产，大家觉得一堆数据就是资产，但是这个资产到底怎么样呢？不知道。工业互联网要作用于高质量发展，要把数据变成知识，没有知识内涵的数据是负资产，如何造就知识资产？这是工业互联网高质量发展的核心和使命。结论是工业互联网架构下，知识才是高质量发展的灵魂。

二、工业互联网和高质量的内涵和外延

下面报告一下工业互联网和高质量的内涵和外延。工业互联网的内涵，一个是从软件化向硬件化转变，这个比较好理解。现在更多强调的是软

硬协同；第二是经验化向知识化转变，这实际上是一种工程。知识的工程化可能就是工业互联网一个比较重要的但也是一项非常基础的、短期内无法快速见效的工作，但是这是灵魂，还有从自动化向数字孪生变化。现在我们更多关注装备自动化，装备自动化核心在于装备本身，数字孪生关注的是数据本身。前者是静态的，而后者是动态的，数字孪生先要生起来，一定是活的，是会感知的，带来的外延是高质量发展，不仅是横向到边，更是纵向到沿，是贯穿全链条的，同时又是生态圈的。所以工业互联网作用于高质量发展应该是要让每个行业、每个企业都能拥抱属于自己的工业互联网。

我们认为不存在放之四海皆准的工业互联网平台，这是消费互联网时代的思路和理念，这就是为什么阿里、百度、腾讯拼命地跑马圈地。在座很多有搞工业企业的，你们搞集成电路的能把地圈到石化去吗？肯定不行，能圈到农业去吗？或许可以，但是圈不到，每个行业每个企业都能找到属于自己的工业互联网发展道路。此外，还需要实现全生命周期的覆盖，即不仅仅满足于预见性的维护，还要实现从供应链端到用户端的全过程的覆盖。

三、工业互联网高质量发展的基础和保障

工业互联网高质量发展的基础和保障是什么？我们认为有三个：一个是新技术，离开新技术的导入，高质量发展是不可能的，但这是充分不必要条件；第二是新主体，我们要鼓励新主体的涌现，试想让一个老太太使用很先进的武器，但也无法形成战斗力，因此，主体也很重要；第三就是人才，人才不仅是高端人才，我们觉得架构师很重要，但除了架构师外，金字塔的塔基也很重要，面向工业互联网的职业教育体系这一块的人才非常重要。昨天授牌的实训基地里面特别强调工业互联网人才实训基地要更多地面向职业教育，做好金字塔塔基。在座企业光有架构没有用，还要有一帮人能够适应工业互联网架构下的制造。

四、工业互联网的标准和指引

标准和指引也很重要，为什么强调指引？我们觉得标准这个事基本是要解决绝大部分问题，能解决全国 90% 的企业问题的东西就能上升为标准。

总有一帮人、一帮企业、一些行业需要领先于这个时代的，要有指引，指引是代表先进性的、是引领性的。我们试图在做一些事，比如工业互联网赋能经济高质量发展的指标体系应该怎么建？既然工业互联网成为方法论，作为高质量发展到底哪些指标能体现它？这是宏观层面的。形成面向网络、平台和安全的多维度建设导则和规范，要和行业和企业结合。面向集成电路和农业生产的，面向精加工的在网络侧、平台侧的、安全侧的要求是不一样的。既然有这样的体系，我们需要综合评估评价，一定要有后评估，一定要进行比较客观的、形成立体的综合评估评价标准体系。而且对于这样的标准指引，我们觉得要适应互联网时代的要求，要快速迭代，不断更新，也许一年一更新，也许半年一更新。

五、工业互联网和高质量发展的转化路径

工业互联网和高质量如何转化？这里讲工业物联、工业数联和工业智联。第一工业物联目的是打造工业数字孪生的生产线，我们需要指引引导。第二工业数联，我们要解决工业大数据。之前关于工业大数据大家都心存疑问，当务之急工业大数据要做高质量的数据集，没有高质量的数据集第三步做不了。基于工业机理的算法模型，我有一大堆数据，对你的算法有帮助吗？相当一部分是没有帮助的。在工业领域只有20%的数据对你的工业算法提炼及知识模型的提炼有帮助，而80%一定是没有什么用的。但是真正实施的时候我们要倒过来做，先考虑工业智联，面向工业专业的领域，需要什么样的知识承载？需要构建什么知识模型？然后再考虑因为有这些知识模型所以需要布局哪些高质量的数据集？有些是从社会过来的，有些是从伙伴交易过来的，还有一些是委托研究机构帮忙整理来的。高质量数据集的范围范畴至少在短期内是有阶段性目标的，最后才是我需要哪些高质量数据集？才知道我连什么？需要按照什么频次提交？这是工业互联网置于高质量转化的路径考虑。

最后给大家提一些问题，也是我们在思考的。这样的时代问题比答案重要，多想想问题，或许找答案时就可以出现新的模式、新的业态、新的技术创新。第一个问题是工业互联网的灵魂是什么？不忘高质量初心。工业互

联网一定不是一张网。如果大家定义它为一张网,一定是南辕北辙,所以一定要回到提质增效、降本减存上来。第二个问题是两化融合与工业互联网是高质量从塔基到塔尖的过程。两化融合做塔基的工程一定要布局思考好,没有两化融合的塔基好比空中楼阁,没有两化融合的塔基一定不可能出现工业互联网的标杆企业。第三个问题是工业互联网赋能高质量,开放的开发者生态是土壤。不可能什么事都自己干,特别是在座很多国有企业,你们的工资薪酬能养得起多少高水平的专家?养不起,光靠大家的奉献情怀是不可能的。良好的开发者生态和好的土壤一定是工业互联网赋能高质量发展最基础的出发点。第四个是工业大数据的大和小,从数量到质量,这也是高质量的问题。一讲大数据,其实大未必比小的好,消费互联网是大海捞针式的,就是找相关性。工业互联网一定是收敛的,一定是从大到小,小才是好,小才是美的,这里一定要理顺数量和质量的问题。最后一个是工业互联网架构下知识改变赢家通吃法则,高质量可以小而美。工业互联网架构上我们一定要崇尚知识,知识才是力量。有段时间知识不知识无所谓,几张PPT就可以换钱,这是消费互联网情况下的规则。消费互联网时代赢家通吃,BAT大树下寸草不生,工业互联网下面高质量一定可以小而美的,中小企业也可以形成自己小而美的东西。也许过去讲一招鲜吃遍天,这个时代也许在工业互联网年代又会重现,这是今天简单和大家讨论的几点内容,以后有机会可以进一步深度分享。

中国制造业数据化转型全景图
——现状·问题·展望

全国信息化与工业化融合管理标委会副秘书长，
中国企业联合会企业创新工作部副主任   张文彬

在座的都知道，2008 年以来，工信部一直在做全国量化融合水平评估，已经搞了十几年了，现在给大家提供一些数据，另外结合我对数字化转型尤其是企业层面数字化转型的实践，供大家参考。

一、数据来源

第一是数据来源，截至 2019 年 4 月份，两化融合平台上参评的企业数量达到 13 万家，覆盖国民经济三个产业 100 多个细分行业，与全国实际企业分布基本一致，与国家统计局数据分布高度一致，基本上代表了国家统计局对行业细分的统计样本，包括区域行业和规模，并且这样的数据链每隔一段时间会做一个分析。

二、观点判断

第一是企业内部综合集成推动信息化价值成效进入质变阶段。我国产业数字化、网络化水平初步具备转型基础。现在两化融合进入内部综合集成。从 2012—2018 年整体的水平已经达到了 53%。综合集成为企业价值创造"量变"到"质变"关键拐点。希望把企业推到综合集成阶段,整体绩效有很多指标会有一个非常显著的变化,做 CIO 信息化的从业人员可能要和领导或者老板说,咬紧牙关也要把两化融合水平推向综合集成,甚至创新驱动阶段。

第二是我国企业数字化转型区域间发展不均衡性的新动向。2018 年我国区域数字化转型仍呈"东高西低"的阶梯形态势,但发展增速第一梯队近60% 为中西部省份。2018 年省域企业上云指数量呈现出自东向西逐级递减特征,第一梯队均为东部省份,但增速第一梯度 62.5% 为中西部省份,企业上云用云加速弥补东中西部各省产业发展的"数字鸿沟"。

第三是不同行业数字化转型的重点和路径各异。比如原材料行业钢铁,围绕流程性企业生产端,生产端的数字化和智能化转型在原材料行业特别是在建材、钢铁、水泥、玻璃这些行业非常明显。在这些原材料行业里,大数据应用助力行业降本、提质、增效,逐步构建智能生产新体系。因为高度的数据化连通以后,对于质量控制和生产作业控制,实现了高度准确化。现在钢铁行业在大量做这样的工作,围绕生产端核心的,机械装备行业就是生产型业务。制造业服务转型说了很多年,基于大数据的服务转型,基于大数据新的服务业务,最近几年装备制造行业在大量探索,不管是个性化定制、还是精准化营销、亦或是远程运维、远程监护,这些都是应该引起企业重视的,尤其是在用了新一代数字化技术基础上的服务性业务在企业收入中的比例越来越高了。这是装备制造行业里面非常重要的一个特点。例如陕鼓作为一个大型特殊行业——鼓风机的行业,从 2000 年左右就开始做了远期诊断,在 2012 年开始为宝钢还有高铁企业、化工企业,做基于远程诊断服务客户设备的运维服务、维修服务、备件服务。这样的转型值得所有企业思考,基于新的数字化技术,考虑装备产品,加上大数据、人工智能技术能不能为客户提供额外增值服务业务。其实装备制造行业像徐工、三一、美的、格力这几年都在试图做服务的业务开拓或者业务的挖掘。消费品家电行业更明显的是面向消费端。家电行业竞争非常激烈，面向客户该怎么办？最典型的就是定制，大规模的定制。还有就是所谓的用户社区的建立，把用户拉到整个延产供销、设计和销售端，和用户互动，家电行业探索得非常成熟。

第四就是云平台成为跨企业协同新模式、新业态培育的重要切入点。除了真正信息化建设方面有很好的弯道超车机会之外，还有一个就是基于云化以后带来的值得大家思考的新业态、新模式、新业务。第一，上云企业加快综合集成，因为从单项应用到综合集成是一个很难的门槛。今天怎么实现综合集成？很多企业交流前几年要么推倒重来，要么局部一年一年地做，因为服务商问题、标准问题、综合集成技术等问题，都觉得没有解了，不知道怎么做。几年前我去了一个很有钱的黄金采掘企业，也是很领先的煤矿企业，但是矿和矿之间是孤立的，想把它连起来，发现各个矿的 IP 服务商完全不一样，甚至有的服务商已经消失不在了。现在看来上云端的方式部署，可能提供了真的信息化综合集成的新路径。第二，整合资源，推动数字经济下的新模式、新业态。基于云平台的新业务，和原来线下核心业务的拓展业务，完全是一种新的逻辑或者新的方式，可以说是个无人区。不仅仅简单的信息化部署迁移到云端、硬件软件迁移到云端，也不仅仅是把业务管理迁到云端，我们的 ERP 到云端就稳了，其实远远不够。基于云端大量数据高速集聚、快速集聚、准确聚集，还有一些融合分析，到底能产生其他的什么额外价值？企业还应该思考这个。本身上云的产业现在在快速集结过程中，在这个过程中传统企业除了用它之外，还能干什么？

第五是产品智能化水平与企业服务模式创新能力的正相关。前端钢铁业、电子装备、机械制造，尤其是装备机械制造，基于服务化转型是不是就变简单了，就和客户连接起来？然后远程诊断提供额外的增值服务，大家会发现一个前提就是你的装备产品本身的智能化水平怎么样？如果你的产品本身没有智能化的基础，后面所有都不可能实现。陕鼓、海尔、格力、三一、美的、徐工，很重要的基础智能制造体系就是把智能产品放在最底层，然后再智能生产、智能经营或者智能管理。产品的智能化成为众多新服务模式的必要条件，基于智能产品的在线服务体现新亮点。我也接触了很多企业，装备制造的、电子类、消费类的产品，都在做产品智能化本身的改造。还有把一个家电改成网器，肯定是能互联交互的，电冰箱也能在那个屏幕上上互联网，这个东西就是企业改造，传统就是电冰箱、洗衣机、烤箱，都是孤立的。手机做得最好，成了智能终端。这几年做了比较多的探索，在产品的智能化基础上的业务创新和模式创新。

三、面临挑战

第一个挑战是推进数字化转型亟需突破设备终端全面连接的瓶颈。设备设施联网是数字化转型的基础，但由于传统产业封闭，受技术体系和价值壁垒的影响，以及线上服务能力不足、设备入网成本高昂、价值回报预期不足等问题，我国设备设施联网水平普遍偏低。2018 年，我国企业数字化生产设备联网率仅为 39.4%，推进企业数字化转型亟需突破终端全面连接的瓶颈。设备间的互联互通成了数字化转型、工业互联网和智能制造中的瓶颈问题。但是这个互联互通不仅仅是上一个软件系统和管理系统那么简单的事情，因为涉及大量工业化里面的行业知识、行业设备、行业技术的融合。要连起来而且在保证安全前提下连起来，还有经济性的问题——不可能无限投入。现在大家说要从设备、底层、经营管理整个互联互通，这里面大量技术问题、标准问题还有安全问题，都需要大量探索。

第二个挑战是企业内部业务全面集成管控水平不高、跨企业协同难度大。实现关键业务环节全面数字化的企业数量不足，仅有 24.5%。企业内部业务全面集成管控的水平不高，实现企业内外部业务全面在线协同的难度更大、水平较低。只有 15% 的企业实现内部业务集成，能够实现统一信息平台实现相关方业务在线协同的企业比例为 13.7%，这就是现状。跨入综合集成阶段真正实现的综合集成的比例很低，既然一定要走这一条路，那如何集成？这是目前做两化融合企业最关注的。

第三个挑战是工艺技术软件能力不足，工业 APP 供给能力亟待提升。生产控制类软件和系统的普及水平不高，产品数据全生命周期管理和协同应用的高端研发类软件应用率较低。中国软件供给能力弱，几乎没有或者很少，这是一个非常大的问题。所有智能化、智能分析、大数据分析，很大程度上依赖软件化能力，即要用软件方式呈现出来，中国目前在这方面的问题比较严重，当然这也不是一朝一夕可以解决的。此外，我国工业 APP 数量少，发展基础薄弱，供给能力有待进一步提升，尚处于初级阶段。我国上云企业能够实现工业 APP 封装应用的企业比例仅为 12.5%。APP 销售级用得非常好，但是工业 APP 却是非常初级的。中国移动端 APP 部署，确实又高效又便捷还没有空间和地域限制，但是目前最大的问题就是应用场景。应用场景怎么做大才能将产业培养起来？行业性的服务大家会说 APP 前端只是最终结果，后端是整个业务模式和产业模式新的组合方式，这个是比较困难的。但是新创企业在干什么？有些新创企业想在这里面找到新的突破口，改变传统行业的价值链、业务链条和管理链条，找到一个新的方式，培养像苹果 APP 这样的规模或者影响力的企业。

第四个挑战是数据科学与生产机理的融合亟待突破、融合倍增效应尚未有效发挥。企业基于数据开展决策支持尚不深入。2018 年，全国已有 71.6% 的企业在至少一项主要单项业字领域能够自动开展决策优化，但从企业各个主要单项业务领域看，基于数据开展决策优化的占比并不均衡。企业在主要应用场景的大数据应用比例不高，融合的深度和广度有待进一步提升。2018 年，从企业在生产过程优化、生产计划与排程、产品设计与开发、销售预测与需求管理等方面的大数据应用情况看，企业大数据应用的覆盖比例不高，各项应用均低于 35%。

四、发展展望

第一是数字孪生系统——自底向上突破。在企业字化转型过程中，数字孪生（信息物理系统）通过构建一套数字系统（空间）与物理系统（空间）之间基于数据自动流动的状态感知、实时分析、科学决策、精准执行的闭环赋能体系，解决生产、应用、服务过程中的复杂性和不确定性问题，以提高资源配置效率，实现资源全局优化，是企业数字化转型的关键突破口。道理很简单，难点是怎么干？钢铁行业怎么做？汽车怎么做？前面做高铁系统刚接触一个企业做铁路工程勘察设计的，现在探索者勘察设计行业里面，怎么做前端数字孪生体模型,以指导后面做勘察工程设计落地?各个行业都在干这个事情。数字孪生体才是真正量化融合之后最硬最难啃的骨头。左边是传统信息化,右边是传统工业化的积累,两者庞大的技术体系、产业体系和规则体系,要通过数字孪生体的方式真正融合起来,这个才是目前非常非常硬的骨头,也是全球都在探索的问题。

第二是系统性变革创新——企业数字化转型方法论。数字化转型说,技术部署非常重要,但是现在很多人不太重视管理变革和人的赋能的问题。数字化转型很多落到 CIO 的角色上,很多人划到信息化部门负责,对不对?不全对。不管数字孪生体还是数字化的整体趋势,要彻底改变整个经济社会企业的形态,我们希望它首先是一种变革和创新,变革和创新意味着要改变原有的规则、利益和观念。传统范式下,上一个软件系统、ERP 系统是在传统规则上大家觉得没有什么不妥,对不起,今天的数字化转型要改变运行规则和企业内部的责任权利,改变你的领导体系。公司级领导分工方式转变一下,不要按照专业分工,按照横向协同的分工来改改行不行?这是什么?这是管理变革,绝对不是 IP 的问题。所以我们想告诉大家,一定是变革创新。其次是系统性的变革创新,生产要素、生产力、生产关系三者必须协同推进,生产要素是什么?必须要转化为传统工业化条件下的经济增长要素,从土地投资转化为数据,依靠数据产生价值,依靠数据成为企业增长的源泉,这是生产要素的调整。生产力一定要把先进技术部署进去,生产关系就是后面两个,管理变革和人都是生产关系的调整,这三个必须要协同起来同时推进。

第三是智慧企业——数字化转型催生企业新范式。首先数字化条件下怎么实现个人智慧和群体智慧的集结?个人知识怎么转化为企业知识?有了互联互通的网络,有大量的数据挖掘平台,怎么把个人知识转化为企业知识,转化为群体知识,转化为企业核心的知识资产?其次怎么领导企业?怎么管理员工?再次我们的员工队伍怎么适应数字化?员工怎么和智能设备打交道?员工技能怎么实现数字化的提升?这方面是全员的人,很多结构调整像宝钢一键产钢带来的直接结果——生产现场数量大量减少是不是直接推到市场上去?怎么让员工适应新的岗位新的机会?这是必须思考的。

华为数字化转型框架,从最顶层开始使命是什么?重塑商业价值,提升企业核心竞争力。这个宗旨永远不会变,这是做企业的本原。然后是对外提升客户体验,对内提高效率,重塑商业价值。最后就是数字化领导力,管理变革和人的赋能,清晰数字化战略、领导力与决心,运营模式能力,扁平化组织管理模式,员工技能提升,尤其是领导力与决心,这不是所有企业都能干的。华为的数字化转型绝对是系统性变革,初衷和使命没有改变。数字化转型最后落脚点在哪里?我们提出了一个概念或者提法,数字化转型可能瞄上新的企业形态或者企业范式。2017年国务院出的《新一代人工智能产业发展规划》里面提出智能企业,我们叫做智慧企业。希望是未来全新的企业范式,表现在第一企业未来的运作是人、信息空间、物理空间的三维空间经营管理运作生存,第二个不同的地方是我们的运作未来可能在数字、躯体、智慧决策这个方面有大量东西呈现,通过很多新技术、AI技术形成很重要的依靠,人和智能体形成决策中枢或者智慧中枢或者智慧体。

最后再说三点,就是完成"数据-知识-智慧"价值跃迁,实现数据赋能;形成人机物协同的"感知-分析-决策-执行"循环,企业实现智慧运行;形成人机交互知识创造体系,实现企业持续创新。现在我们创造知识靠人,未来可能有智能体、有系统这样的智能装备也有一定的分析创造能力,或者学习能力,我们一起来创造,我们人和它主要做的工作分别是创新性的工作和创造性的工作。

数字经济时代全面质量管理

上海质量管理科学研究院副院长　王金德

今天我讲三个内容，在座很多做质量管理的，我先讲一下全面质量管理推动工业化发展的过程，再来理解一下数字化经济时代的全面质量管理的新进展，最后展示一下工业互联网＋全面质量管理的想法。

一、全面质量管理推动工业化发展

关于工业互联网发展的情况，现在工业互联网从制造机械化的 1.0、2.0、3.0，进入了数字经济时代。这个时代的特征就是融合。从工业 1.0 开始，那时候机械工业革命，就诞生了质量管理非常重要的分支或者基础——质量检验。到了 1870 年以后有了电气化，有了美国通用电器的生产线，有了电动化的设备，质量检验由过去的质检变成专检。专业的质量检验岗位就开始诞生了。这中间有一个转型，沃特休哈特(Walter A. Shewahart)发挥了很大的作用，他说过去靠检验产品已经出来了，怎么往上延伸到产品和服务的提供过程。休哈特非常重要的理论就是质量不能依赖于检验，休哈特的统计过程控制(SPC)方法，帮助了操作工确定变异是由随机的还是特殊原因造成的。威廉·爱德华兹·戴明（W. Edwards Deming）受到了停止依赖检查的建议启发，提出了更为全面的质量管理方法，用于将质量设计融入流程中，PDCA 循环的推广应用以预防质量问题发生。约瑟夫·M·朱兰（Joseph M.Juran）质量管理三部曲构建了全面质量管理的框架和体系。到了工业 3.0—4.0，这时候全面质量管理诞生了。从全面质量控制（TQC）到全面质量管理（ISO 9000、六西格玛、精益生产、卓越绩效模式）提倡全面的质量方针，使其成为每个人的责任，并授权个人为持续改进作出贡献（管理体系）。

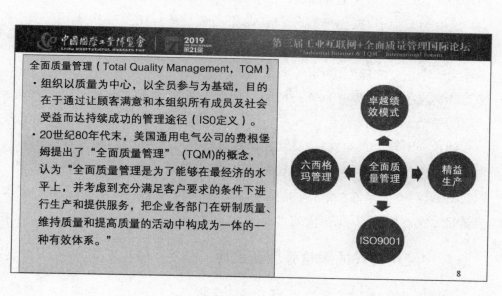

从 1998 年，费根堡姆写了《全面质量管理》以来全面质量管理的定义非常清楚，1998 年我们问过朱兰博士，这四种关系是什么形式？首先他告诉我们质量管理是一个整体，是一个系统，上面是基础 9001，下面是六西格玛管理和精益生产，最终目标实现卓越绩效，这是一个整体。ISO 9000 从 1987版到 2015 版，从控制产品到摆正过程然后是管理体系，最后是整合企业，以风险形式把各个体系整合在一起，也是不断完善和发展的，你可以看得出体系的发展。2012 年 ISO 曾经发布过关于体系的报告，非常好。上面有一个屋顶，屋顶有组织的战略、愿景、使命、价值观，有战略展开规划，底层是文化。管理体系客观是存在的，不管有没有 ISO 9000 或者两化融合，客观是存在的,ISO 9000 只不过按照标准格式梳理了一下体系。

六西格玛也是非常重要的一个方法论,是按照美国的思路方式找出最关键的问题点,从最早的 SIPOC 图一步步数字推理找出最关键点,形成为什么的关系。消费互联网讲相关性,但是我们做质量的改善最好是关键少数,抓到这几个点就可以控制能耗的数字。通过整个过程的活动来提高从供应商到输入到过程到输出到顾客,形成顾客满意的指数,还有符合顾客要求的产品质量,有一个比较关键的过程控制,最后是 SIPOC 供应商的管理,也是最好的输入,这是工业化时代六西格玛,强调基于过程,顾客拉动的思想。

还有精益生产,抓住准时化和自动化,5S,最终提出了一个丰田方式。说一下卓越绩效,其包括两个驱动,首先是组织概述,其次是知识管理。知识作为非常重要的理论,知识是工业互联网的核心是有道理的,这是老的模型。2018 年开始改了,中间不是链条而是集成,把各业务板块集成在一块形成新的模型。

回顾一下整个工业发展,质量管理起到了很大推进作用,而且加快了质量发展的进程,提高质量发展的效率,从日本经验或者美国质量振兴包括中国改革开放 40 年来的贡献,离不开我们做 9000、做 TQC、TQM 的贡献。各位质量专家和同志们,也不要妄自菲薄,实际上我们可以引领新时代。

二、数字经济时代的质量管理新进程

美国质量协会 2015 年发布了《质量未来报告》,提出"制造业未来:连接节点和事件的新一代的 IT 技术"包括物联网、云计算、大数据、宽带等等,通过新技术应用首先可以提高质量水平,比如降低产品效能避免性能降低,通过远程监控以后可以提高性能;其次可以降低维修成本;再次可以提高盈利能力;第四可以降低报废和返工,超越竞争对手,开发新的商业模式。

上海质科院从 2014 年开始做两化融合评定,服务了很多企业。第一个案例三菱电梯通过远程物联网建立电梯连接,通过 APP 派单维修,现在电梯维修收入已经超过了卖电梯的收入。远程监控 30 分钟到现场解决问题,原来去了不知道什么东西坏了,现在去了就知道了。这一点和海尔原来修冰箱时,什么东西坏了是不一样的。海尔比较熟悉,原来 99% 的合格率,一百台里面肯定有一台坏的,就是零部件坏了,总是解决不了问题,怎么办? 但现在维修员到现场马上知道哪里坏了。第二个案例,红领是做服装的。我们去红领看,它做服装还是用缝纫机,只不过缝纫机是电动化的,不是机器人或机器手在干,还是人在干,但是很多关键岗位比如大数据、质量检验、自动化裁剪全部是机器人在做,提高了效能。原来服装一个月才能生产出来,现在只要一个礼拜,这个就是提高质量的重点突破口。我们搞建设是以个性化定制的突破口为目的的。第三个案例是海尔,海尔专门搞了体验中心,要把像我们这种各界资源,通过平台连接到一起,生成服务社群。还有一个案例说不仅仅是洗衣机,连服装厂也互联,你做什么西服、做什么衬衫怎么洗都有配套的联系,洗涤剂上也做了互联,拿什么洗涤剂洗衣,就把整个企业零距离互联起来了。还有专家是开放式架构可以请很多专家给它设计很多方法和技术,最终提高了顾客需求。

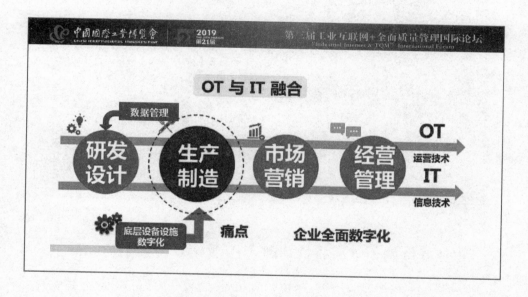

新的技术和时代特征,让物质世界和虚拟世界有了非常好的融合基础条件。但是也有一个很重要的问题,全国两化融合推进委员会的单位对全球 250 多家工业互联网平台进行分析,发现重视设备互联,忽略了业务需求、数据管理等;重视技术实现,忽略了同步开展企业管理、组织结构、业务流程优化变革;重视当下需求,忽略了未来发展需求,可拓展性和兼容性;项

目实施时没有让企业高层参与;项目团队只有 IT 人员,没有涵盖管理、OT、业务等企业相关组织;项目实施未考虑是科学研究类项目以及生产性项目。

2017 年中共中央国务院在《关于开展质量提升行动的指导意见》里面讲了,我们要推进全面质量管理,这个全面质量管理和刚才讲的肯定有不一样的地方,外延和内涵都发生变化了。提质、降本、增效,提高质量在线检测、在线控制和产品全生命周期的质量追溯能力。但这些工作离开了工业互联网是做不到的,要推进精益生产,促进协同制造和协同创新,实现质量水平的整体提升。国务院去年加强质量认证体系要求采用国际先进办法,打造中国质量管理的工具箱。

三、工业互联网+全面质量管理

最后一点,我提一下想法。随着工业互联网的发展,大数据、云计算、区块链、人工智能的广泛采用,可以再次期待质量工具和方法的复兴。过去我们是只发现了问题,现在采用大数据之后,我们会洞察问题原因是什么,最终要起到预防预测作用。美国去年发布了《质量未来报告》,提出数字化转型的过程我们如何看待客户和组织边界的变化;质量趋势也发生了很大变化,信息的产生、连接、智能加工、新模式、新的方式包括新的质量角色,昨天吉姆专门讲的不同的质量角色、数据管理都发生了新的价值变化。高质量发展需要三个变革,第一是质量变革;第二是效率变革;第三是动力变革。现在工业互联网全面质量管理希望推动工业互联网的创新,推动生产关系变革。通过大数据新技术应用推动生产力的变革,最后一个动力变革,通过人工智能和创新提供生产者变革,全面质量管理要体现这样的思想。

第一,数字经济时代重塑了对质量和质量管理的理解。主要体现在新技术、新认识、新方法及新技能。技术领域比以往任何时候更丰富和充满希望。云计算、大数据、虚拟现实(VR)、增强现实(AR)、区块链、增材制造(3D打印)、人工智能(AI)、机器学习(ML)、互联网协议版本 6(IPv6)、信息物理融合系统(CPS)与物联网(IoT)等,这些新的前沿技术可以帮助提高产品质量、服务质量、组织绩效。为了适应工业互联网带来的颠覆性变化,需要对质量以及质量管理有新的认识。组织必须利用数字经济时代的质量工具,例如人工智能、机器智能、云计算和连接,来提高其质量和管理绩效。质量专业人员拥有帮助其组织在第四次工业革命、工业互联网发展中取得成功所需要的技能。

第二,数字经济时代提升了质量管理的新价值。数字经济时代如何帮助组织高质量发展?如何通过实施 AI、ML 和区块链等支持技术来提高劳动生产率、管理绩效、项目效果及产品性能和服务质量?组织应始终在引入新技术的同时引导新价值,并明确阐述其预期的效益。其价值主要体现在:增强(或改进)人类智慧(最重要);提高决策的速度和质量;提高透明度、可追溯性和可审核性;预测变化,揭示变差并适应新的环境和知识;发展关系,组织边界和信任概念,以揭示持续改进和新业务模式的机会;学习如何通过培养自我意识和其他意识的技能来达到学习的目的。

第三,数字经济时代全面质量管理的新含义(工业互联网 + 全面质量管理)。组织在信息化环境下,围绕高质量发展战略,基于全员参与、全方位的互联网平台和物联网技术,以数据为核心,连接顾客、组织与供应商等运营数字化转型全过程,使组织和利益相关方受益的可持续成功的管理途径。这里分享一下质量管理新含义,组织环境:数字经济时代,准确把握组织的定位,为实现组织愿景,确定战略发展重点;高质量战略:组织把质量为本作为基本战略,加强两化融合,实施数字化转型,提质降本增效,提升质量水平,实现高质量可持续发展;全要素:数据、技术、业务流程和组织结构互动创新;全员:组织全体员工(无边界地)参与,从最高管理者到一线员工(延伸到相关方)。最高管理者是全面质量管理的第一责任人,构建员工互联网,实现人-机-物互联互通;全方位:组织管理维度,包括战略管理、人力资源管理、财务管理、顾客关系管理、项目管理、质量与计量标准管理、设备管理、安全管理、能源与环保、信息与知识管理等等;全过程:价值链维度,采购管理、生产管理、销售管理等;产品维度,研发设计、工艺设计、生产制造、物流仓储等等,充分体现以顾客为中心的产品和服务全生命周期的互联网思维;数字转型:通过数字技术改善顾客的业务成果;可持续成功:组织在一段时间内自始至终的成功(目标的实现);预期目标:使组织以及利益相关方从全面质量管理的成功获得预期结果。

第四,数字经济时代全面质量管理的理论框架。这个新框架在原来基础上加了很核心的一点,工业互联网最大的核心是人、设备与物的连接,这是很重要的一点。首先从战略目标来看,我们不能简单围绕质量目标,现在质量是大质量,所以质量目标一定要包括产品质量、风险管理、安全保障、供应商质量,还有自动化设备以及合规。第二是战略实施,基于人与人的互联网系统和设备物互联系统打造,核心是体系,9000的体系是组织建立方针和目标以及实现这些目标的相互关联和相互作用的一组要素,包括架构、岗位、运行、方针、惯例、理念、目标以及实现这些目标的过程,我们的思想完全是可以融入现代或者数字经济时代的思想。人机物都讲互联网,现在讲人和物的互联,人和机的互联可以通过互联网,机和物的互联通过物联网,本身存在的管理和文化是基于工业互联网工业互联的系统,这个系统包括数字技术、分析技术、平台技术和运营技术,这个技术就是一个管理体系。虽然没有写成一个标准,但是客观是存在的,按照新标准23001数字化转型标准,梳理一下可能会更加清晰,更加合理,这是管理体系的作用。两化融合加上工业互联网的基础离不开RIOT的思想。

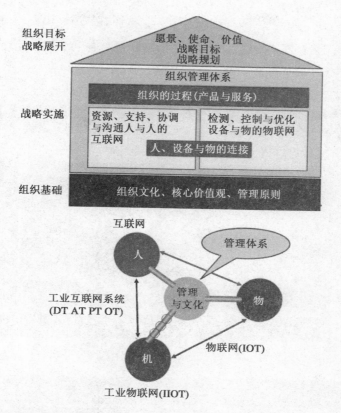

第五，数字经济时代全面质量管理的实施。相关管理的实施，ISO 9000讲的质量管理是关于质量管理，包括质量策划、质量保证、质量控制和质量改进等内容。在朱兰三部曲基础上加了质量方针以及质量保证。现在讲的"工业互联网＋全面质量管理"，我们的方针目标不是单一的质量，是要围绕整个组织提质降本增效，高质量发展的战略来制定我的目标，策划也不是简单的活动策划，而在策划过程当中要考虑IT和OT的融合，这是关键。还要考虑到工业互联网加全面质量管理的策划思想，质量控制这个控制不是简单的控制，我们要考虑到自动化的质量功能，考虑到数据分析和网络化的协同。质量的保证也不是简单的检验，可能更多是基于数字化、网络化质量的论证包括过程论证，都要考虑进去，此外还有创新。

第六，工业互联网＋全面质量管理的核心。核心有两个，工业互联网核心是工业知识还有微服务，人机物互联，底层设备之后是APP开发，一个是基于云的工业操作系统还有基于物联网各位教授讲的边缘计算，形成工业互联网创新。二是大数据分析。数字孪生要抓住两个核心——IT 和 OT,二者融合靠什么? 靠载体。一个是工业互联网,另外靠数字孪生。没有这两个载体就没有办法实现,全面质量管理是中间的核心。

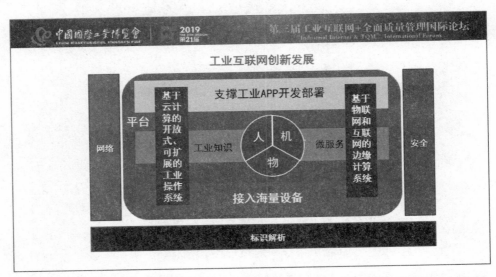

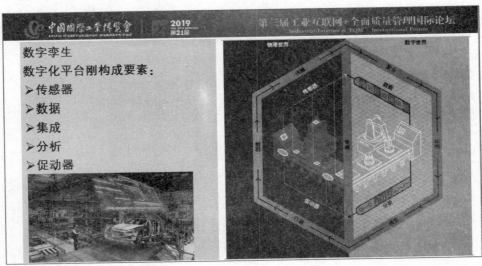

第七,工业互联网 + 全面质量管理工具包,主要内容是统计数据。科学是基础,然后是支持技术、大数据、互联网,区块链等,再里面就是深度学习、神经网络、机器学习,人工智能。

IT 技术	研发/设计	计划	制造	物流	维护/保养	OT 技术
互联大数据人工智能云	协同式 PLM	数字化供应链	制造物联网	物联网/车联网	物联网/远程诊断	QFD VOC
传感器嵌入软件	智能产品		敏捷制造			DOE
高级分析	产品使用分析	供需分析	制造业 CT 预测性维护	供应链控制台	维修控制台	OEE
移动穿戴式设备	模拟样机/仿真测试		员工互联网		联网车间/现场人员	TPM
增强/虚拟现实						LP
增材制造	快速成型		零件和工具制造			SIXSIGMA
无人机机器人			认知机器人	无人机监视		MS

最后,关于工业互联网+全面质量管理实践探索。研究运营质量技术的集成与创新。运营技术(OT)与信息技术(IT)集成融合研究;探索互联网+全面质量管理的理论方法在质量提升中的应用,在促进实体经济与互联网、大数据、云计算等数字经济融合的中新作用等。要利用互联网新技术去解决质量管理中的新老问题,实施质量改进和创新。例如大数据、数据分析、物联技术、社交协同、App 开发、区块链、云计算等,物联网加全面质量管理最好是新答案解决新问题,预测未来不要发生质量问题。

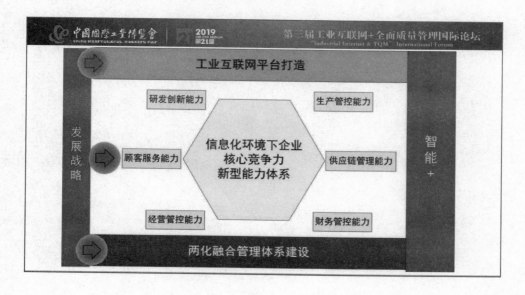

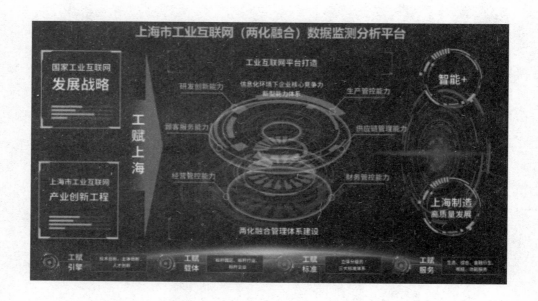

　　最后,核心两化融合是基础,中间是打造新的竞争能力,上面是工业互联网平台,基础很扎实,帮助大家完善思想。这里也展示一下上海工业互联网两化融合数据监测和分析平台,我们也准备和宁教授开发一些新的合作项目,为企业服务。

数字化变革中的质量文化和管理创新——质量创新

企业创新管理模式和实施案例

美国质量协会创新分会主席　彼特·梅瑞尔

今天和大家探讨一个非常重要的话题,在质量创新领域如何能更好地做自己的工作? 如何整合质量管理体系和创新管理体系? ISO 9000 这个标准已执行很多年了,今天给大家带来 ISO 创新的 56000 标准,看它如何与 ISO 9000 整合的。更重要的一点,我们今天给大家带来一个系统的方案,关于怎样整合质量管理体系和质量创新管理体系?

讲到创新,很多人会问,创新到底是怎么来的呢? 它其实是基于市场这个出发点,为满足市场暂时还没有被满足的需求,而产生出来的创新的这个点。它从市场未被满足的需求出发,一旦创新能够满足市场的需求,它就可以极大改变我们工作的方式。

实际上,这 20 年来,我们的生活发生了巨大的变化。举个例子,20 年之前我们和朋友交流是用笔纸写信,现在就不这样了,都是通过 E-mall。新的方式相对来说要快得多,能实现有效快速交流。20 年前,"质量"是进入市场最重要的一个考量点,20 年后,如果没有办法提供"质量",就不能够进入市场,"质量"变成进入市场的最基本条件了。

那么,现在这个时代的竞争点在哪里呢? 不仅只是"质量"这个入门槛的点了,"创新"成为具有竞争优势的突出表现。一个创新的体系能够持续不断地输出创新想法,原有的质量管理体系是一个平台,让创新管理体系在上面得到更好的发展。现在,质量管理体系有一个新的系列整合到其中,就是 ISO 56000 系列,现在全球大约有 40 多个国家和地区已使用这样的创新管理体系有四五年之久。中国也是我们重要的制作贡献方之一,我们的最新版本 ISO 560002,是在八周之前发布的,现在我们的 ISO 的创新管理体系想把它更好地整合到整个质量管理体系中来,共同发展。

来上海之前有人问过我,我们审核的具体标准到底什么时候能够出来? 我给大家分享一个消息,之前我和 ISO 内部的人员讨论过,ISO 560001 在下周就可以出一些基本的纲要和标准,那么也就意味着,近期很快就会给大家提供详细的内容了,大家现在就可以动手把自己单位创新体系的系统建造起来。契合 ISO 560001 的标准要求,也将在近期发布标准,我们可以根据它来更好地契合达到要求的点。

我想和大家强调的一点是质量管理体系的标准,是创新管理体系标准核心的平台。当新标准出来后,大家可以观察到里面的条款,它们的条款编号是完全一致的。但是创新管理体系因为有些附加的部分,所以在将来工作中要更好地整合创新管理体系和原有的质量管理体系,更好地满足这两个标准的需求。

如果大家对我们原有的质量标准比较熟悉的话,就知道高层阶级结构是怎么样运作的,第 6 条是有关计划的内容,第 7 条中是支持部分的内容,第 8 条有关执行的内容,当预期结果和期望值不一致的时候,第 10 步是关于处理的内容,就是这样的循环的过程。但是,在新的高级的结构中,除原有的质量循环体系之外还有两个新加入的内容。新加入的两个内容来自 16 世纪的科学方法论,在执行和改进之外还要观察,在系统循环之外要有观察的作用。

　　新加入的内容中强调了领导力的作用。领导要有外在观察的能力,他们学到了一些经验、知识之后,为企业或机构重新定下方向,更好地执行创新领域的发展。因此,新加入的第 4 条条款中主要关注的是领导的组织背景,领导必须要了解机构的运行背景,仔细观察周围发生了什么事情? 辨认相关利益方是哪些? 从而确定管理体系的范围,并在此基础上再构建创新管理体系。在我们了解背景这个阶段中,首先对领导层提出了很高的要求,领导层必须要能够确定行业发展的趋势,识别发展的机会,通过对形势的辨认来了解到整个局势对企业或组织有什么样的影响,从而为企业业务工作设定方向。在质量管理体系中经常用到的一种分析,大家的关注点常在劣势、威胁,也就是风险这块,但是,在创新管理体系时希望大家把机遇这块关注起来,可以发现这两块系统是可以紧密联合到一起的。举一个很好的例子,十年前,有的领导就已经注意到互联网有发展网络电影的趋势,但是当时并没有哪家可以成功地推出,因此在十年前就可以关注到这个趋势并成功推出,就说明了领导辨认创新的能力。

　　谈到机遇时难免会联系到风险,第 6 条条款上是关于风险的内容。质量管理体系中主要的关注点在劣势、风险、威胁这部分,刚才也提到了创新管理体系关注点要在机遇这块,但同时也不要忽略了风险。所以,就需要战略性策划,大家要用策略来开展部署。

　　关于利益相关方。在整个质量管理体系中,质量管理体系利益相关方是现有供应商和参与各个环节的人。在创新管理体系之下有些人是潜在的客户、潜在的供应商,是将来我们要与之合作的人士,有些人在我们调整中就会不知不觉被影响到,所以必须要把焦点放在潜在的客户身上。有很多其他潜在的人士可能会参与到将来创新管理体系的部分业务中,比如说有一部新手机推出,可能会有新运营商或者新的服务提供商或手机零售商,如何能更快更好地把手机销售出去,这些都是未来新手机推出以后,有其他新人士加入的利益相关方了。

　　当变化产生的时候,创新质量管理体系如何应对? 业务范围和原有质量管理体系是比较容易做到的,有些相关的分析程序帮助大家知道有哪些是关键工作流程,这些工作都在质量管理体系中非常成熟了。但是在创新质量管理体系之下比较复杂、多变的情况，我们必须要依靠学习到的知识、已有的知识及对未来的判断，来更好地判断划分业务范围和趋势。

文化因素是创新管理体系新加入的内容，之前质量管理体系中没有强调这一点。在创新管理体系中文化因素是非常重要的，它对于创造性和执行性都提出了很高的要求，它们二者要能共存，并且有创新、探索、协作和实验的方法来共同承担风险，从失败中吸取经验和教训，这些是在质量管理体系中没有强调，但在创新管理体系中非常强调的内容，也就是之前和大家说过的要跳出盒子之外的想法。

协作的这个因素也是创新管理体系中非常值得强调的一点。绝大多数的创新人员都是会协同来合作的，大概只有 5% 的创新人员是自己独立工作，剩下大部分都需要进行协同工作。协作很重要，因为并不是每个人对所有的事情都那么了解，所以大家要分享知识。

关于领导力作用。在创新管理体系中强调领导力的作用，观察作用在循环周期之外。在之前的质量管理体系中客户侧重点是质量管理体系的重点，现在创新管理体系的重点是新价值。这二者是可以很好地契合在一起的，我们可以把愿景、将来的状态以及战略性，把 ISO 9000 和 ISO 56000 整合在一起，这二者是协调一致的。同时，在政策方面，这两个标准也是可以很好地整合在一起的。

对新角色这部分又提出了新的要求，在原有管理体系中，质量经理可能要扮演新的角色或者要拥抱一些新的角色，那就是创新经理。

领导力提出来，两个重要的内容一是好奇心，二是勇气，这是非常重要的两点。回归战略制订那部分，最重要是要确立企业的目标、愿景，要确保创新管理体系和机构或组织的核心业务能很好地契合到一起，必须有效设定目标和里程碑，有效定义机遇和创新类型，产品服务是以什么样的创新形式来发展。

创新战略的制定必须是能鼓舞人心的，这不只是写在纸面上的表达，而是必须要有灵活改变的能力，正如两千多年前《孙子兵法》所说的"兵无常势、水无常形"。

关于第 6 条款策划这部分内容。主要是阐述机遇和风险行为，讲到这块时大家总会想到领导制定细节的执行方案,这时候我们有另外的新的角度在创新管理体系之下,就是组织结构和创新组合的这样两个新角度。

风险是很多领导都会考虑到的,也是一再强调的。很多人都会觉得风险是很难预计的,但我可以告诉你,风险和机遇也能够事先做好良好的策划和制定、分析。特斯拉就是一个很好的例子,它做出的策略都是风险性比较大的,无论是在复杂的供应链上,还是在组装流程上都可以看出这个公司的风险倾向,当时它也没有零售商来销售,都是在网上销售,但是,我们看到它们通过策划非常好地开展了业务。

在质量管理体系中,对风险管理有非常成熟的工具,相信大家都非常熟悉了 SMEA。但是,在创新管理体系之下,我推荐大家使用分析工具,分析风险的不确定性、不稳定性、复杂性和模糊性这几个维度,使用数字化的评估能更好地说明情况。以创新目标制定这部分,其实和质量管理体系是非常相近的,要可衡量,同时所有的点都必须要和企业的战略一致。

创新的管理体系,创新的思维要求我们组织中有一个扁平化的组织来实施创新的构想,这时候,扁平组织就需要强大的领导力的存在。举两个例子,苹果和谷歌,它们就是扁平化的组织,这两个公司内部的领导力非常强大,使得它们有能力来实施扁平化的组织。把创新性的业务分离开作为独立的业务来考量,以臭鼬工厂为例,分出来一个独立的小组或部门,专门立志于创新独立思考,让它们更好地来进行定制。或者我们也可以考虑再一次外包来开展合作,这个例子就是保洁。无论在什么样的组织形式下,如果把立足点放在创新管理上,作为企业领导人就必须要考虑企业中是否存在自我管理。

创新在这个点上也是非常重要的,新产品推出或者新业务发布,关注发布得太多或太滥并不是好事。举个例子,三星。三星的产品对于苹果来讲是多了很多,但市值这块,大家也知道这两个公司的具体业务表现是怎么样的。发布会或者发布产品相对成本也是挺高的,大家必须要把短期利益和长期目标综合起来考虑,把风险和财务回报率结合在一起考虑最佳的创新组合。我要强调的一个非常重要的因素就是"终止举措"的准则,是什么意思呢?"终止这个产品,终止这个服务,终止这个项目",这是非常有考验的。

在"支持"这部分章节中,很多点与 ISO 9000 已有的标准是一样的,但也有创新管理体系下额外新加的,包括工具方法、战略情报等。

关于"资源"这部分内容,我想强调两点,就是时间和财务规划。原有ISO的标准并没有特别强调时间,但是在创新管理体系中时间这个点是非常重要的。时间对创新管理来说是非常重要的,必须要把创新的节点控制好。很多的大公司,如谷歌、3M等在创新管理体系中都有 20%的时间用于创新规划,这点在创新管理体系中是非常受重视的;另外一点比较困难的就是财务规划,尤其对一些新业务或新产品的开发,或者刚刚创办的新公司,对他们来说,财务规划是比较困难的。因为最终结果还没有出来之前就没有办法得到收入,所以资金的财务规划是个关键点。

关于"能力"这块,我们必须要有清晰的定义,什么是能力? 很多公司就直接说我们需要有创新能力,所谓的"创新能力"这个概念很模糊,必须要把创新能力更为细致地描述出来。

在创新管理体系中,工具方法、战略情报、知识产权是新增加的部分。工具方法这部分已经在很成熟的质量管理体系中用到过很多方法,在创新管理体系中也会继续用到已有的、新的专门为创新管理体系设计的工具和方法;在战略情报这部分的知识产权需要大家特别注意,必须要有非常重视和积极保护知识产权的意识,在创新的整个环节开始之前就要保护知识产权,有全系列的知识产权保护观念。

关于运行的这部分。它对具体企业的各个生产或运作流程做出了明晰的规定,大家可以发现,创新管理体系具体运行这部分可以和原有的质量管理体系中的设计和发展那部分结合在一起。在这样的流程中,首先是机遇,然后是概念阐释、验证、开发和部署。

识别机遇可能需要专家的帮助,通过人类学家、行为学家的帮助让我们更好地识别将来在创新上的机遇。乐高玩具现在非常流行,其实有一段时间它遇到比较大的问题就是销售不佳,这时候他们就雇佣了人类学家来观察小孩在玩玩具时的表现,他们就发现孩子玩玩具的时候喜欢讲故事,喜欢推这些玩具。于是,他们将玩具设计成便于讲故事的形式,根据这个发现就完全改变了乐高产品的设计,更好地挖掘市场,抓住了机遇。所以,在识别机遇的时候,必须要能够准确地认识并定义机遇所在,在创建概念这部分必须要把一系列的创新解决方案提出来,选择最佳方案解决问题。识别机遇以后,通过收集数据来分析到底哪一种解决方案可以以更低的成本、更低的风险解决现有的问题。正如爱因斯坦说过,"不能用引起某个问题的思维方式来解决该问题。"接下来,要靠我们的工作来验证解决方案是不是能够有效地实施,我们需要以最低的成本来解决这部分的内容。了解了以上方案之后还要很好地部署,把更加优化的解决方案提供到客户手上。以三星为例,它通过观察发布产品之后消费者的使用行为、使用习惯,再推出新的产品。例如推出 9 英寸的平板电脑之后发现消费者更偏向于使用钱包大小的手机、笔记本大小的平板电脑,所以他们开发了 5.5 英寸的手机,更好地契合消费者的使用习惯,他们在观察之后能创新地发布出更符合市场情况的产品。

在绩效评审中,创新管理体系和 ISO 的 90001 是完全一致的,两者可以完全整合到一起。绩效指标这部分我只想讲一点,要重视早期绩效指标。比如说 IDM,它们就在创新管理体系中有非常详细的指标来观测社交媒体是如何开展协作的? 专家的接受难易程度是如何的? 再强调一点,早期的绩效指标对创新体系来说也是非常重要的。绩效指标这块的其他内容,可能是二元的指标,输入指标、生产指标(发展速度)、投资回报比等所有的可以和原来达到一致性的方向。在创新管理体系中有一个新的名词,就是"偏差",它和质量管理体系中另外一个术语"不符合"是两个不同的概念。所谓"偏差"就是它最后的结果并不是我们预期出现的结果,但是出现偏差是非常好的学习机会,也是我们创新的契机所在。举个例子,大家经常用的标签贴纸,3M 公司当初是想发明一种比较好的黏合剂,但产品出来之后发现它的黏合力并不是很好,没有达到预期效果。这时候,他们团队中就有人说,他就想要一种既可以撕又可以粘做便签的东西,所以尽管生产出来的产品并没有达到他们预期的想法,但是这个产品推出来了一个新的用途,就是我们经常用的可撕可贴的标签纸,现在已经广泛应用。

ISO 56002 管理体系正在全球范围内积极地筹划中,中国作为制定这个标准的重要参与者,将来也会有更加详细的标准要求细则提供给大家,希望大家能够更好地把自己内部的业务和创新管理体系相整合,先声夺人。

大数据时代互换数据质量治理

上海市质量协会副会长、同济大学经济管理学院教授　尤建新

我今天谈的问题,是今后无论在学术领域的研究还是企业的实践方面,都会遇到的一些问题,这是我们现在研究过程中遇到的一些挑战。

"大数据时代互换数据质量治理",为什么会谈这样一个话题呢?因为现在已经进入大数据时代,人工智能到来后,不仅带来了市场生态的急剧改变,也给我们的生活方式、行为、企业带来了巨大的挑战。这些不仅出现在生活过程中,在企业以及所有人的行为中都有明显的表现。那么这个挑战是什么呢?有很多人在研究物联网,其实物联网早就存在了,每个人只要拿着手机,无论在哪儿都在网上,我们早就被物联网了,而且还成为大数据的用户和供应商。在会议中,无论是在听报告、记录内容,还是在发表感想或其他信息,都在为大数据提供材料。我想个人如此,企业就更是这样了。

如何界定数据产品?现在大数据已经存在,在数据的交换中,数据作为一种资源,在被评估的过程当中,它具有产品的特征。但是如何去界定它,到现在为止还没有一个非常精确的标准。这样的话,我们就会遇到后面的问题,如何为组织进行数据赋能?如果我们连产品都定义不出来,那么又如

何来规避人工智能下新的风险呢？我们在所有的分析中都会讲到危机、机会，大家知道，这种机会背后往往存在着风险，对于风险的认识在大数据中也同样存在着。这种模糊就会带来很多问题。

我在这里举一些案例。

菜鸟和顺丰的案例。这个案例的表面上是围绕着顾客利益，都说是要保护顾客的隐私，但其实它们之间要争夺的还是数据，涉及数据的共享和数据的驾驭。"数据驾驭"不仅是指拥有，还包括使用数据的能力。这其中涉及了方方面面，甚至还涉及法律问题。

腾讯和华为的案例。它们在争论微信的数据是属于腾讯还是华为用的问题，但其实我们说这数据应该是属于用户的。大家都会用到手机，可以想象一下，你能控制得住你的数据不给华为、不给苹果、不给腾讯吗？

淘宝的案例。这个涉及数据产品的案例，法院已经做了非常好的裁定。这个案例和前面两个案例差别在哪里？前面两个案例都没有通过法律来进行裁决，都是通过政府部门，比如邮电总局、经信委这些政府部门来协调的。在上法院的过程中会发现法律条款中缺失这方面的内容，这点我们要尽快完善。其实，有些国家的法律条款比我们丰富，走在了我们的前面。

HIQ和领英的官司案例，HIQ是基于领英的公开产品建立起来的，按照我们的常规思维想这不就是领英的数据嘛，它愿意给你多少就多少，但是在欧美的市场经济游戏规则之下，一旦你承诺公开数据的话，人家的使用就一定有延续性，除非业务停止。所以，如果我们的企业要走出国门的话，首先就要研究它们的市场生态。

谷歌、脸书收购案的案例。这两个案例都涉及了大数据问题，在收购过程中大数据作为重要的资产被低估了。德国联邦卡特局发现了这个问题，他们认为这背后的大数据可能存在着非常严重的需要关切的点，于是就去做了研究，并于2017年开始着手进行法律审查。

由于我们在这些方面遇到的案例比较少，或者警觉性较低，无论是实践还是理论，我们都有很多空缺。如今，市场生态发生了巨大变化，我想从如下几个方面来归纳这些变化。一是数据垄断。当我们还没有认识到数据本身就是产品、资源或资产的时候，我们可能不会对它有那么多的解决方案。

现在我们开始逐步认识到这一点,就必须要对此有警觉;二是交易机制不够完善。在数据保护和隐私保护方面我们的法律严重缺失;三是数据所有权不明晰。数据到底是属于谁的,从法律界人士以及境外的案例中可以看到,这些数据是属于用户的。如何来明确数据的所有权,我们还缺少这方面的抓手;四是对数据资源的市场价值和交互效用的认知严重不足。

无论是市场生态,还是企业,都已经突显数据治理的严重滞后,此外还存在着种种的问题需要去研究。过去一讲研究往往就会想到高等院校或科研院所,但其实许许多多的企业也走在前面。要企业把这个问题带出来,科研院所等再一起做研究。

现在政府工作已经开始涉及这方面问题,并且也动员学者做一些研究,但当政府面对数据垄断、强制共享数据的时候,我们发现垄断者可以通过清洗、加工、传输障碍等来降低传输数据的质量,由此来达到政府的要求,但也可以通过数据中已经存在的瑕疵来打击竞争对手。虽然这不被允许,但又很无奈,为什么?我们连数据产品的界定都没有做好,那就更难去认知如何测量数据质量了。举个例子,我们收到的微信中有很多东西是不真实的,或者大部分是不真实的,但又掺杂着一些真实的东西,那你如何判断呢?哪些不能相信呢?我们个人很难进行测量,企业也是如此。在这方面,如果我们对数据质量的认知不提升,对数据市场不进行有效归置的话,问题就非常严重了。所以我们新的课题就是要进行数据质量的治理。

这里我简单讲几个大数据时代对我们提出的要求。一是大数据可以预测未来市场发展的方向和动态,可以发现新的消费需求空间,但如果数据不充分或存在瑕疵,那最后结果就会出现偏差,就会误导投资和产品研发;二是数据准入和质量的有效管控是创新和公平竞争的基础,这是一个非常重要的生命线工程,目前我们在这方面存在着严重的缺陷;三是企业关注研究的数据准入和数据质量问题等,都是我今天想谈的数据质量治理中所涉及的相关内容;在开启研究的过程中还有一个很重要的点,就是对问题的变化要有敏感性。企业在市场前沿,要更多地去发现问题,然后提出问题,大家共同地解决。

最后讲讲展望。我们在宏观和规划层面都必须要管理创新,必须得跟上低碳、人工智能的发展要求。为什么必须要管理创新？因为大家可以看到，我们的企业中存在着组织和人力资源的结构性扩张，从政府层面上出现了知识断片、法律和制度的盲区，科研方面也严重滞后于实践。所以，研究和构建数据质量治理体系是当务之急。在这当中，首先我们要学习借鉴他人已有的成果，然后在顶层设计和布局的基础上推进大数据研究中的数据质量体系研究和新的市场。我们要知道，大数据不是洪水猛兽，而是资源，是数据质量治理体系的中和基础，也是新市场基础设施的重要构成。

以上是我的一些观点，仅供大家参考。

关于数字化变革中质量文化和管理创新的思考

上海市质量协会副会长、上海建工集团股份有限公司副总裁　叶卫东

　　围绕数字化变革中的质量文化和管理创新的会议主题，我们认为有以下四个方面是值得我们共同去思考的。

　　一是质量是人们永恒的追求。习近平总书记在给第二届中国质量上海大会的贺信中写到，质量体现着人类的劳动创造和智慧结晶，体现着人们对美好生活的向往，无论科学技术如何变革，无论我们身处何种时代，高质量都是人们追求的主要目标。质量提升与人民提升的获得感、幸福感紧密联系。

　　二是数字化时代迫切需要质量创新。进入数字化时代后，产业生态和商业模式发生根本性变化，从而颠覆了传统的质量方法。向数字化转型将改变传统制造业的研发和生产流程，逐步打造数字化供应链，如对生产过程中产生的大量数据进行分析，可以进一步优化生产流程参数，对可能出现的问题进行预判，提高产品和服务质量。因此我们必须紧紧抓住创新这个牛鼻子，才能应对数字化带来的挑战，从而实现更高质量的发展。

　　三是质量创新离不开优秀的质量文化。质量文化是一个国家和地区竞

争力、构筑社会向心力的强大武器。在最新版的质量管理体系中对质量内涵的解释拓展为倡导一种满足顾客和其他有关方面需求、期望来实现其价值的文化,这种文化将反映在其行为、态度、活动和过程中,从这一变化可以看出优秀的文化是高质量的核心要领。优秀的质量文化能鼓励创新,形成允许试错,宽容失败的良好氛围,从而更好地适应和引领数字化时代下的质量变化。

四是质量创新应当支撑高质量发展。我们要清醒认识到创新本身不是目的,高质量创新,质量创新的根本所在是谋求产业的高质量发展,产品和服务的高质量提升。我们必须重视面向战略性新兴产业、颠覆性创新领域的需求。

WTO 改革与经济全球化新趋势

全球价值链下服务贸易规则的新发展

上海 WTO 事务咨询中心研究部主任、副研究员　陈　靓

一、问题的提出

自 20 世纪 90 年代世界经济发展进入全球价值链(GVCs)阶段后,经济全球化呈现出 GVCs 日益深入扩展和优惠贸易协定(PTAs)平行扩散的双重特征。随着服务在 GVCs 中作用的增强,高于或超出《服务贸易总协定(GATS)》的规则或议题越来越多地出现在 PTAs 之中。服务议题日益重要的一种解释是服务贸易的快速发展。统计显示,世界服务贸易总出口从 2005 年的 2.63 万亿美元增长至 2017 年的 5.35 万亿美元,年均增长 6.42%[①]。但这似乎并不能完全说明服务贸易谈判的重要性,而当基于增加值贸易统计进行测度时,问题则变得非常清晰。研究表明,对于所有经济体

[①]　年均增长率根据 WTO 数据库公布的统计数据进行测算,来源:http://data.wto.org.

来讲,直接的服务出口都小于其服务增加值出口,2014 年世界总出口中41.03%[①]的增加值来自服务部门。随着服务在 GVCs 中的作用被更多的学者进行测度和衡量,基于贸易增加值的统计可以更加清晰地反映服务在全球贸易中的贡献度,这对服务贸易谈判进程的加快提供了更为深度的解释。

截至 2017 年底,包含服务贸易规则的协定数量呈明显上升趋势。其中,2001 年后生效的 224 个协定中,涵盖服务贸易规则的协定占总数的64.29%,而 2001 年前的比例仅为 10.98%[②]。当前全球服务贸易自由化已经展现出"区域自由化盛行和多边服务贸易谈判被边缘化"的趋势。尤其要注意的是,美国2017 年底推行国内税改后,对外发起了大规模的贸易限制措施。这些措施造成了全球贸易秩序混乱的同时,由于基于"美国优先"原则,在规则构建领域开启了单边行为模式并取得阶段性成果。2018 年 10 月 1 日,美国与加拿大发表联合声明,宣布加拿大加入此前美国与墨西哥达成的贸易协定,北美自贸协定(NAFTA)更新为美墨加协定(USMCA)。种种迹象表明,国际经贸规则重构在以美国为首的发达经济体推动下,正式拉开序幕,服务贸易规则也概莫能外。

作为国际经贸规则进入重构阶段后达成的第一个区域贸易协定的USMCA,在服务领域的规则无论是议题的广度还是规则的深度,都是最高水平,已具备了模板化标准。这将会对未来全球服务贸易规则的构建之路产生何种影响? 借此,深入分析 GVCs 对服务贸易规则的内在诉求,结合国际经贸规则重构的宏观背景,对 USMCA 服务贸易规则进行梳理,并与此前深度服务规则进行对比,将为理清后续服务贸易规则构建的方向提供重要的参考和政策启示。

二、GVCs 对服务规则深化的推动及区域自由化成果

(一) 服务在 GVCs 中的特殊作用及体现

服务在 GVCs 中首先是作为"独立的生产要素成为 GVCs 活动的重要

---

① 根据 WIOD 数据库测算,来源: http://www.wiod.org/release16
② 根据 WTO 优惠贸易协定数据库整理,RTA 数据库: http://rtais.wto.org/UI/PublicAllRTAList.aspx

投入"①。随着制造活动"服务化"的深入,更多的资源开始被分配到生产的服务环节。GVCs 兴起后,跨国公司逐步将不具有核心功能的研发、设计等服务采用了外包等方式,进而使得 GVCs 活动出现了独立的服务投入。此外,将服务的异质性与最终产品绑定销售,从而赋予制成品更多的个性化,不仅能够起到"润滑剂"作用,便利货物的销售,还可以增加商品的"个性化"特征,提高竞争力。

为高效地链接地理上分散的 GVCs 各模块,服务在 GVCs 中的特殊作用表现为能够有效"链接"价值链各环节,确保供应链的有序运行。其中,运输物流、电信、金融服务对实现 GVCs 的有机链接最为关键。运输物流确保了供应链网络的高效②;电信则有助于 GVCs 的深度整合、消除地理位置对融入 GVCs 的障碍;金融可以便利资金转移和支付以及规避风险。

增加值统计展示了一个更为清晰的世界出口版图(见图 1)。在美国以及卢森堡、英国等 12 个发达经济体的总出口中,服务增加值已经超过一半

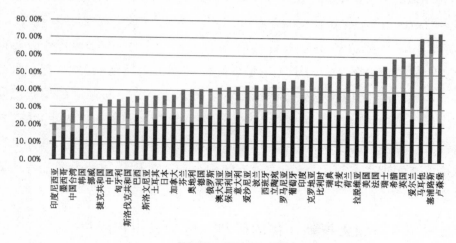

■国内直接　■国内间接　■国外

图 1　2014 年主要国家总出口中不同服务增加值的结构
来源：WIOD 数据库,http://www.wiod.org/release16

---

① Low Patrick, Pasadilla Gloria O. *Services in global value chains-Manufacturing-related services* [M]. Singapore：World Scientific Publishing Co. Pte. Ltd., 2016.

② OECD, WTO, UNCATD. Global Value Chains：Challenges, opportunities, and Implications for policy[R]. Paris：OECD Publishing, 2014, p.16.

以上；而印度尼西亚、墨西哥以及中国台湾的出口则更加依赖货物部门的增加值，服务增加值的比重低于 30%。此外，不同类型的服务增加值对出口的贡献存在很大差异。如美国、英国更加依赖服务的国内增加值，尤其是国内直接增加值，在总出口中的比重超过三分之二；而同样是高度依赖服务增加值出口的塞浦路斯和卢森堡，对不同服务增加值的依赖却截然相反，卢森堡服务增加值中接近 60% 是来自国外服务增加值，而塞浦路斯国外服务增值价值依赖程度则非常小，占全部服务增加值的比重不足 15%。

（二）GVCs 对服务谈判的核心诉求

GVCs 的深化增强了服务的可贸易性，服务投入展现出"国际化"特征，即一国的出口中出现了越来越多的国外服务增加值。尽管国外服务增加值占制造业总出口的比重远低于国内服务增加值，但 2000 年到 2014 年，所有国家出口中的国外附加值比重均在明显上升（见图 2）。在制造业具体部门的出口中，也大都出现了国外服务增加值日趋提高的现象。如制药业的国外增加值占比在过去 15 年中提高了 3.18 个百分点，汽车和其他运输设备行业则上升了约 2 个百分点。

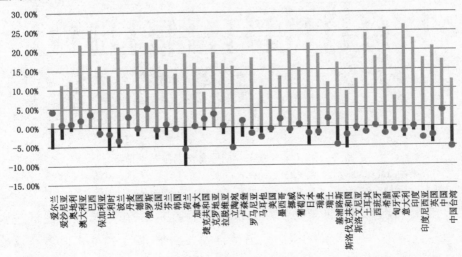

图 2　2000—2014 年各国制造业总出口中国内和国外服务增加值比重的变化

来源：WIOD 数据库，http://www.wiod.org/release16

　　从服务增加值的行业结构来看，所有的制造业行业都趋向于依赖类似的服务投入组合。其中，分销服务和商业服务（含计算机服务、专业服务、研发服务、市场营销服务等）的贡献度最高，合计占服务增加值出口的三分之二左右。另外，金融、运输（邮政速递服务）、电信等也是制造业重要的投入，因此，这些部门可以界定为"具有明显价值链特征"的服务。

　　全球价值链的深度整合需要进一步发挥服务在 GVCs 中的作用，而当前各国在服务部门中都还保留着较多的限制性措施。根据 OECD 发布的服务贸易限制性指数（STRI）显示，各国在不同的服务部门限制水平差异较大，尤其是那些具有明显价值链特征的服务部门，往往都还存在较高贸易限制，如物流服务、法律会计服务、运输服务等（见图 3）。这不仅降低了价值链贸易的效率，也使价值链中服务中间品贸易的成本出现了叠加。

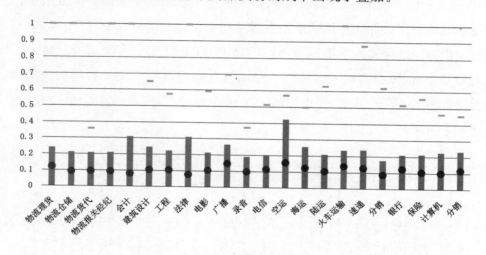

中位数　　●最小值　　—最大值

图 3　2017 年各服务部门服务贸易限制性指数
来源：OECD-STRI 数据库，https://stats.oecd.org/Index.aspx？DataSetCode＝STRI

　　借此，GVCs 对服务贸易谈判的核心诉求集中在"在全球范围内推进服务贸易自由化，并需要新的服务贸易谈判模式来配合"。这要求服务贸易谈判从两个层面来推进：一是各国服务市场准入的继续扩大，尤其是金融、电信、运输、商业服务以及分销等具有明显价值链特征的部门，以促进国内服务增加值和国外服务增加值的提升；二是亟需一套行之有效、协调统一的深度服务贸易规则,以便降低服务提供者因面临不同的管理和监管环境而增加的服务成本,并形成规模化的统一市场。尤其是对最具代表性新领域——数字贸易领域,新规则的建立和协调尤为重要。

(三)服务贸易自由化区域规则的共性及特点

自多哈回合启动以来,服务贸易规则的构建呈现出"区域自由化进程加速,多边自由化被逐步边缘化"的趋势。2001 年到 2004 年,以"北北协定"为主;2005 年开始,"南北协定"的数量开始显著上升并超过"北北协定";而"南南协定"达成的数量则始终处于较低的水平。"北北协定"往往是率先在服务贸易规则上有明显的突破和提升;"南北协定"是在"北北协定"的基础上,对服务新规则做出折中安排;而"南南协定"则基本延续了 GATS 的框架,内容鲜有突破。

因此,此前一轮的服务区域自由化的发展轨迹可以总结为:为顺应 GVCs 对服务贸易进一步自由化的诉求,欧美等发达经济体之间率先达成共识,并在规则领域实现突破,随后,将"北北协定"中的服务规则作为谈判模板,以高水平市场准入和服务纪律的更新、协调为链接点,通过与发展中经济体达成的"南北协定",将规则在区域层面进行扩展。这些协定一致体现了顺应 GVCs 的内在诉求、深化服务贸易规则的共性,并具备以下特征:

1. 以负面清单模式扩大准入并锁定开放现状

区域自由化在 GATS 承诺的基础上,努力贯彻"最优实践"做法,市场准入的扩大无论是部门数量,还是部门的开放程度,均有明显提升。负面清单承诺模式秉持"法无禁止即开放"的理念,要求在减让表中列明与核心义务不相符的措施,利用"棘轮机制"将开放承诺加以锁定,并提高透明度和可预见性。目前,越来越多的发展中经济体也开始接受这一模式,如《全面与进步跨太平洋伙伴关系协定》(CPTPP)便全面采用了负面清单模式,成员涵盖了智利、文莱、越南、墨西哥和秘鲁等发展中经济体。

2. 重点关注具有明显价值链特征的部门

服务的异质性需要针对具体部门设定个性化规则,金融、电信、专业服务和海运服务等具有价值链特征的服务部门率先成为关注重点:(1)金融服务条款、电信条款更加具体。金融服务明确了最低承诺范围的市场准入义务，填补了电子支付和金融数据跨境转移等新问题的规则空白，并将纪律约束逐步扩展到保险领域；强调政府金融监管的适度性和审慎性，确保金融服务自由、稳健的发展。(2)设立与专业服务相关的资格互认规则，如 CPTPP 协定纳入了资格互认的对话机制，欧加全面经济贸易协定(CETA)则细化了资格互认的程序。(3)条款表述从"可以(may)"到"尽可能(endeavor to)"再到"应(shall)"，纪律的约束力不断得到增强。

3. 着重构建数字贸易规则支撑 GVCs 的发展

数字贸易已成为 GVCs 活动的纽带，而相关国际规则仍处于空白。2003 年美国与新加坡首次形成"电子商务"规则。此后，电子商务规则不断丰富，已经成为当前价值链贸易的重要支撑：(1)解决数字贸易新业态带来的规制问题。限制政府过度规制的同时，限制跨国公司过度使用其市场主导地位，鼓励中小企业的参与。(2)限制各类本地化要求，限制禁止信息自由跨境流动、要求计算设施位置位于境内以及披露源代码等行为。(3)传统规则数字化转变，如，要求给予电子签名与实际签名同等的法律效力，并就电子商务领域的技术发展、适用法律法规、立法程序和近期的立法发展以及适用的技术标准等领域密切开展国际合作。

4. 提高透明度、协调统一监管以降低服务成本

透明度义务和国内规制纪律着力解决"事实上"的歧视：(1)透明度义务的全面提升主要包括：保护商业利益，确保外国企业的评议参与权；细化公布程序性要求，详细规定新法律法规公布的方式和时间等；明确联络点义务，对政府"授权"制定一系列涵盖申请到批准的义务要求。(2)国内规制纪律重点协调、约束各国服务管理措施，规定更为细致，包括明确将国内规制义务扩大到影响服务贸易的所有措施；要求政府采取最低的干预力度来实现政策目标；对需要批准的服务制定完备的程序要求；加强监管合作，促进监管一致性。

三、USMCA 对服务贸易规则的新突破

服务贸易自由化推动力来自 GVCs 的内在诉求这一"自然作用力"，而

世界经济再平衡启动后,以美国为代表的发达经济体则开启了政府主导的、以调整甚至是重塑 GVCs 为目标的"区域主义"模式。USMCA 首先快速达成,暗示了美国区域主义的对象以"价值链联系紧密程度"为标准。2017 年在美国与加拿大和墨西哥之间的双边服务贸易中美国对外服务贸易总额达到近 14.21%[①],远高于与英国、日本等主要贸易伙伴。同时,2014 年美国国内服务增加值的出口中,加拿大是第一大出口市场(6.84%),墨西哥则排名第六(2.98%)。此外,从美国对国外服务增加值的依赖程度来看,来自加拿大和墨西哥的服务增加值分别排名为第一(14.02%)和第五位(7.97%)。这凸显了加拿大、墨西哥在 GVCs 中与美国的紧密联系(见表1)。

表1　2014 年美国服务增加值前十大出口/进口国别结构一览

排序	国内服务贸易增加值出口方向		国外服务贸易增加值进口来源	
1	加拿大	6.84%	加拿大	14.02%
2	爱尔兰	6.44%	中国	13.24%
3	德国	4.66%	德国	8.32%
4	法国	3.28%	英国	8.20%
5	荷兰	3.23%	墨西哥	7.97%
6	墨西哥	2.98%	日本	6.02%
7	卢森堡	2.33%	法国	5.49%
8	比利时	1.86%	韩国	3.94%
9	韩国	1.79%	荷兰	3.83%
10	澳大利亚	1.18%	俄罗斯	3.07%

来源:WIOD 数据库,http://www.wiod.org/release16

　　USMCA 的达成同样也顺应了 GVCs 中服务作用不断提升后对高水平服务规则的诉求。美墨加三方以负面清单方式承诺的市场开放均已达到历史最高水平,尤其体现在分销服务、商业服务、金融、运输等具有明显价值链特征的部门。与此前的区域自由化成果相比,USMCA 更加体现了"约束力与执行力的强化"和"新领域规则的突破"。

---

① 根据美国经济分析局公布的国际服务贸易数据,来源:https://apps.bea.gov/iTable/iTable.cfm? ReqID = 62&step = 1

1. 以"数字贸易"代替"电子商务"并纳入新的规则

USMCA 首次以"数字贸易"取代"电子商务"作为数字贸易相关章节的标题,进一步明确了数字贸易的内涵,避免陷入"以网络交易平台为支撑的在线交易"的误解。同时,以数字贸易为核心,在与服务贸易相关章节中设定纪律或条款,改善了原有规则无法适应数字贸易的现状。USMCA 在涵盖此前所有高水平数字贸易纪律的基础上,新增了以下内容①以进一步约束政府行为、确保公平竞争,并保护服务提供者的利益。

(1) 新增"网络安全""交互式计算服务"以及"公开政府数据"条款。"网络安全"条款鼓励各方共同应对网络威胁带来的问题,确保对数字贸易的信心。"公开政府数据"要求各方在最大程度上公开政府数据,鼓励各方政府以电子形式,提升行政透明度。"交互式计算服务"条款则要求"任何缔约方在确定与信息存储、处理、传输、分配或由该服务造成的损害责任时,不得采取或维持任何措施将交互式计算机服务的提供者或使用者视为信息内容提供者,除非该信息完全或部分由该提供者或使用者创建或开发"②。

(2) 新增"提供增值服务条件"条款。该条款规定,如一缔约方直接对增值电信服务进行规制,那么在没有适当考虑合法于公共政策目标和技术可行性的情况下,不得对增值电信服务提供者提出与公共电信服务提供者同样的要求,且有关的资格、许可、注册、通知程序等都是透明和非歧视的,并且不得提出诸如对公众普遍提供等要求。

(3) 在跨境服务贸易章的定义中,以脚注的形式明确了跨境服务贸易章的纪律也适用于"采用电子手段"生产、分销、营销、销售或交付的服务,实现已有规则的数字化升级。尽管美国赌博案的专家组早已支持了这一观点,但这是第一次以文字的形式在协定中予以明确。

---

① 对 USMCA 协定内容的分析与梳理基于美国贸易谈判代表办公室公布的正式文本,参见: https://ustr. gov/trade-agreements/free-trade-agreements/united-states-mexico-canada-agreement/united-states-mexico

② 这意味着,由其他人或实体创建或开发的信息通过网络平台(如谷歌或脸书)提供时,如果该信息造成潜在的损害责任时(非刑事犯罪的损害名誉、隐私或进行恐吓等),各方不得将交互式计算机服务的提供者或使用者视为信息内容的提供者,除非他们积极参与该信息的创建。

2. 切实增强规则纪律并着重提升执行力

USMCA 规则在更加务实的基础上,对已有纪律加以扩展或加强,以确保协定条款的执行力。

(1)在跨境服务贸易章的"国民待遇"和"最惠国待遇"的定义条款中,对政府层级做了明确性补充,将"地方政府"列出,并规定"地方政府采取的措施应当是不得低于同类情况下的最好待遇";对于"不符措施条款",如果一方认为其他成员的措施对其跨境服务造成实质性损害,可进行磋商,不论该措施是地方政府还是中央政府层面。

(2)新增跨境金融服务贸易"停止(stand still)"条款,为后续市场准入设定明确的起点,即以 NAFTA 达成时各方保留的限制为基准点。而且与一般 PTAs 跨境金融服务的正面清单方式的一贯做法不同的是,USMCA 首次将棘轮机制中的"停止"要求适用于跨境金融服务,展示出提高金融服务自由化的雄心和决心。

(3)新增"国有企业"条款,明确规定不得对国有企业给予更优惠的待遇,以此进一步保障业内的充分竞争。此外,还新增了"执行"条款,明确各方主管机构有义务保障章节内特定条款的执行,同时赋予他们制裁权。让各方电信主管机构参与协定的执行保障,将确保协定义务的可执行性。

3. 创立排他性的区域主义安排——毒丸条款

USMCA 在第 32 章(例外和一般条款)第 32.10 条增设了"非市场经济国家"条款,该条款规定,如协定一方计划与非市场经济国家签订 FTA,应提前通知,协定其他成员有权利选择退出协定。尽管该条款没有直接与服务贸易相关,但却是首次在 PTA 中出现,且指向明显,未来很有可能进一步充实规则并扩展至服务规则领域。该条款非常直观的体现了当前在多边谈判无法推进、各方转向区域层面谈判的过程中,美国完全基于自身利益所展现出来的区域主义。美国希望通过这一做法,选择性屏蔽其他重要经济体,确保其理念能够不断复制、推广,在后续全球经贸规则重构的进程中掌握主导性话语权。

四、未来服务规则构建的可能趋势及政策启示

自 WTO 成立至今,服务贸易规则体系的更新与发展主要依靠的是区

域服务贸易自由化这一路径,而高水平区域服务贸易规则的形成依靠是以美国为首的发达经济体的推动。这集中表现在新规则和更具约束力条款的演变路径以及"'北北协定'的率先达成和'南北协定'跟进"方面。随着服务在 GVCs 中作用的逐步显现,发展中经济体对待服务贸易的立场也有所转变,开始逐步接受高水平规则。近年来,越来越多的"南北协定"都纳入了金融、电信等领域的高水平纪律,发达经济体之间形成共识的规则逐步在区域层面扩展。

USMCA 的达成预示着,未来区域服务贸易规则深度发展的重点将主要集中在数字贸易等新规则的达成、具有价值链特征的服务部门市场准入扩大、规则纪律的强化以及各成员国内监管措施的协调上。由于 WTO 当前所面临的各种危机,未来全球服务规则的构建与发展将可能继续延续区域层面推进的模式。规则制定的主导力量仍将是发达经济体。但突出的变化是,世界经济再平衡的启动,服务贸易规则构建将从此前"区域自由化"进入美国单边主导的"区域主义"的阶段,即不再完全遵循 GVCs 已有的全球格局来深化服务贸易规则,而是屏蔽其他重要经济体,选择在 GVCs 中紧密联系的、"志同道合"的贸易伙伴,在区域层面推出美国主导的服务贸易规则,提升美国在 GVCs 中的地位并重振美国经济。

未来美国在服务贸易规则构建的具体路径已基本清晰:即首先选择 GVCs 中联系最紧密的墨西哥和加拿大,通过更新 NAFTA,将对其国内习惯做法协定化、模板化;随后与另外两大区域价值链的核心——欧盟(包括正处脱欧进程的英国)、日本,开展贸易谈判,形成系统、统一的规则;逐步纳入其他发达经济体和经挑选的发展中经济体,扩展服务规则体系的涵盖范围,必要时,可重拾 TISA 谈判、重新加入并更新 TPP 协定;最终,将其主导的服务贸易规则推向多边平台,抑或直接在 WTO 之外形成新的多边服务贸易体制。

对于中国来讲,大力发展国内服务业是未来高质量发展的必经之路,目前中国服务增加值占中国总出口的比重仅为 30.53%(2014 年),有非常大的提升空间。在当前区域贸易规则加速推进的新形势下,中国的总体战略应当为:积极融入服务贸易规则构建的进程,争取融入中国元素,并根据国内实际制定具体路线图,提升中国服务贸易在全球价值链中的地位和作用,推动国内制造业的高水平发展。

在总体战略的具体实施过程中,要核心关注以下几点:(1)日本、德国、韩国、荷兰、法国、英国及澳大利亚等经济体是中国在 GVCs 中联系紧密的贸易伙伴,目前 RCEP、中日韩 FTA 正在进行中,中韩 FTA 第二阶段谈判(聚焦于负面清单模式的服务和投资开放)也已启动。中国应立足东亚区域价值链,加速推进区域高水平服务贸易规则建设,并积极开辟与欧盟的谈判渠道。(2)当下美国力推的区域服务贸易谈判涉及的新议题日益增加、纪律日趋严格,在具体谈判方案设计中,应重点关注逐个议题利弊的平衡、议题之间的平衡、高水平开放和国内发展水平的平衡,以及高规则纪律和国内监管能力的平衡,明确攻防利益,实现国内服务业在逐步自由化中的高质量发展。(3)对于日益重要的数字贸易议题,中国在已有《网安法》《电子商务法》的基础上,完善国内法律体系及法律法规的数字化升级;在维护网络安全、确保重要数据、个人隐私不受侵犯的前提下,有序开放数据的跨境自由流动。(4)服务贸易规则的构建涉及与货物贸易、投资、知识产权以及竞争规则的相互协调,这将对国内市场开放和政府监管能力提出挑战。中国应在加快国内改革、提高开放水平的过程中,着力借助已经设立的上海、广东、天津、福建等自由贸易试验区的"先试先行""复制推广"的功能,作为中国服务高水平开放和高标准规则的压力测试平台,为后续未来谈判提供坚实的支持。

论坛综述

创新驱动塑造产业新引擎

——2019 创新与新兴产业发展国际会议综述

2019 年 9 月 17 至 18 日，由中国工程院、上海市人民政府、工业与信息化部共同牵头，会同国家发展改革委、科学技术部、商务部、中国科学院、中国国际贸易促进委员会、联合国工业发展组织共同主办的"2019 创新与新兴产业发展国际会议（IEID）"顺利举办。会议采取大会报告和 8 个分论坛的形式，汇聚全球知名专家和产业界人士，围绕新兴产业发展方向和政策等方面进行开放式交流，为科技创新与新兴产业发展注入新的思想动力。

一、全球新兴产业发展新趋势和新动向

1. 开放创新是新兴产业发展的必经之路

与会专家一致认为，科技创新需要走开放合作道路。德国工业 4.0 平台科学专家委员会主席雷纳·安德尔提出，工业 4.0 是第四次工业革命的产物，标志着覆盖产品整个生命周期的新型价值链产生。德国目前正在打造与其相适应的技术路线，即利用物理网络系统、设备通过逻辑的方式连接价

值链,并且可以相互通信。工业 4.0 平台秉持开放、合作、创新原则,由学者、研究人员、社会代表、商界代表和工会代表等社会不同力量共同参与,为工业 4.0 献计献策。中芯国际集成电路制造有限公司董事长周子学提出,集成电路是信息产业的核心,作为一个高度国际化的产业,实行开放合作创新是集成电路产业发展的基本规律,任何一个国家和地区都难以实现纯本土化制造。中国拥有巨大市场和发展新兴产业的良好机会,各国应坚持开放合作创新,打造全球集成电路产业命运共同体。

2. 工程科技创新引领新兴产业发展

中国工程院院长李晓红认为,当前新一轮工程革命和产业变革正在进行,工程科技创新迭代速度不断加快。其中,从 20 世纪 90 年代中后期,各个国家、社会组织与企业就开始进行技术预见,通过技术评估筛选出最值得关注的技术。技术预见研究认为,关键共性技术正在深刻改变世界。大数据及先进计算、先进制造与材料、节能减排与清洁生产、健康与安全等四大类 24 项关键共性技术大数据与先进计算技术推动了各领域和行业的创新变革,催生并引领新兴产业发展。颠覆性技术孕育无限发展潜力。包括人工智能与量子信息、新型纳米材料、增材制造技术、3D 打印技术、先进能源技术、基因工程与生物新材料等在内的六大类,26 项颠覆性技术正在重塑世界格局、创造人类未来、孕育新兴产业。诺贝尔化学奖获得者巴里·夏普莱斯提出,合成化学应以分子功能为导向,注重实用性,尤以点击化学为典型代表。近期,在点击化学的核心理念上发展出新一代点击化学——基于"硫氟交换"的高价硫氟类化学,其对反应条件和反应对象有精准的选择性,在各交叉学科有广泛而高效的适用性,拥有广阔发展前景。英国商务能源与产业战略部首席科学顾问 John Loughhead 提出,数字孪生技术将促进工业实践和结构发生变化。数字孪生技术是物理化和数字化表现技术的结合,只需要输入当前的数据指标,就可对具体情况进行模拟测试并给出具体建议。在汽车行业,数字孪生技术已经获得很好的应用,如劳斯莱斯就已使用数字孪生技术来研究和预测引擎在极端环境下的表现。

3. 构建面向未来的新型科技监管系统

John Loughhead 认为,新技术的潜在优势可以被现有监管结构所抑制,新技术创新为监管带来挑战,为此亟待构建新型监管体系以应对颠覆式创新。技术是一把双刃剑,为了更好地利用创新技术,人类需要时刻保持监管制度的积极性和进步性。此外,为实现国际上的减排目标,不仅需要技术驱动,还需要在经济结构、市场和行业方面进行集成变革。

4. 物联网和人工智能将深刻影响人类世界

澳大利亚技术与工程学院院长 Hugh S. Bradlow 着重谈论物联网和人工智能的影响。一是物联网的关键在于设备生态系统、5G 通信和中间件。物联网和 5G 技术能够实现大规模的数据流通,并具有低功耗的优势,有助于用户获得较高服务品质和体验。二是人工智能开发应用可能会超出想象。面对海量数据,人工智能可以实现机器学习,即通过算法和海量数据对机器进行训练,使机器能够识别数据当中的规律。这一特性将使人工智能将来的应用给人类工作和生活带来巨大变化。物联网和人工智能这两项技术将会在未来的数十年里深刻地影响人类世界。

二、八大代表性新兴产业发展新动向与对策建议

1. 新一代信息技术将成为最广泛的共性技术

南加州大学电气工程系统系教授佩特·A·约阿努提出,在自动驾驶汽车领域,信息技术发展有助于交通流量控制和负载平衡设计,提升交通效率。苏黎世联邦理工机器人和智能系统学院教授布拉德雷·尼尔森认为,微缩和纳米机器人是医学机器人的未来发展方向,目前基于微型和纳米机器人设计的系统与应用正在取得令人瞩目的进步,机器执行智能任务的能力呈指数级增长。

2. 智慧医疗显示出广阔前景

中国工程院院士陈志南指出,免疫治疗法曾被列为 2013 年世界十大科技突破之首,2017 年进入免疫治疗 2.0 时代。在 2019 年美国癌症研究会(AACR)年会上,间皮瘤等实体瘤的 CAR-T 治疗取得了突破性进展。随着基因修饰技术的普及以及医学和信息科学技术的进步,修饰性免疫细胞治疗,特别是嵌合抗原受体修饰型 T 细胞(CAR-T)成为肿瘤免疫治疗领域的热点。可以预见,以 CAR-T 和靶向抗体药物为代表的个体化免疫治疗将

为肿瘤等难以治愈的重大疾病的治疗带来革命性转变，为人类健康保驾护航。加州大学洛杉矶分校化工系教授卢云峰认为，蛋白质类药物具有高效性与特异性，但普遍存在半衰期短、组织穿透性差，免疫原性高等问题。通过使用原位聚合技术，可大幅延长半衰期，提高组织穿透性，降低免疫原性，及穿越血脑屏障，已经成功应用于肿瘤免疫领域，中枢神经疾病治疗，以及各类体内蛋白酶相关疾病的治疗。澳洲国立大学教授于长斌提出，为更好利用海量数据，团队研发出一个支持 AI 算法的 DIA 数据管理云计算平台，为临床蛋白质组学研究提供重要支撑。

3. 工业 AI 在工业应用领域价值巨大

美国密西根大学终身教授倪军谈到，传统 AI 技术在工业领域并没有被大量成功应用，主要障碍在于在工业应用中较难获取合适的训练数据集（比如核电设备的故障案例库、各种加工道具的不同材料和不同加工工艺条件表的测量数据）。目前工业增强智慧(iAI)可以提供解决方案以攻破工业存在的问题。西门子工业软件仿真业务部门主管 Shay Shomroni 提出，先进机器人的智能分散化能够促使设备的自主决策并采取行动，不再需要人工干涉。采用数字双胞胎策略是成功部署先进机器人的有效方法，可以通过一个集产品、设备和工艺的整体数据模型，帮助机器人缩短生产时间，降低实施成本，并实现复杂但易于部署的先进机器人系统连接到自动化设备和工艺流程中。

4. 新材料技术实际应用特征不断凸显

国际著名化学家北川进提出，已经发现多孔配位聚合物(PCP)或金属有机框架材料(MOF)具有传统材料所没有的动态多孔和集成功能。超越传统的第四代 MOF 材料具备 HAD 特征①，可结合不同功能，自行动态发展出不同组合功能，再超越这些有机体的功能，并可能具有出色的催化反应和电子功能。英国皇家化学学士会会士张善勇提出，基于 HEAs 或 HEA 陶瓷采用不同工艺制作的高熵薄膜和涂层显示出 HEAs 具有高熵、缓慢扩散、严重的晶格畸变和混合效应等四个核心效应。通过合理的组分设计和涂层工艺，

---

① H 为层次(Hierarchy)和混合(Hybrid)(双 H)，A 为各向异性(Anisotropy)和不对称性(Asymmetry)，D 为无序(Disorder)和缺陷(Defeat)(双 D)。

有望获得性能优良的 HEA 涂层和 HEA 陶瓷涂层,这在实际应用方面具有更大意义。

5. 绿色低碳技术为环保和产业均衡发展提供可持续方案

目前,具有颠覆性的绿色低碳技术层出不穷。在全球化背景下,世界各国都在思考如何利用绿色低碳技术共同应对全球生态问题。青岛理工大学博导高伟俊教授提出,可再生能源制氢具有能源载体易存储、应用范围广泛等优势,可以弥补即将枯竭的化石能源。可再生能源高效制氢及城市应用研究,目前已涉及地区能源结构预测模型构建、可再生能源发电高效制氢手段分析、协同电-氢综合能源系统结构、城市高效应用的运行管理模式等诸多领域。英国卡迪夫大学建筑学院教授 Phil Jones 提出,降低建成环境的化石燃料消耗、能源使用和二氧化碳排放刻不容缓。零碳和低碳建筑结合了节能设计和可再生能源系统,将成为未来能量系统不可缺少的一部分。

6. 数字创意产业植根于本国文化

德国工程院院士 Otthein Herzogto 提出,文化资产的数字化入口为各类人群提供了参与文化认同和讨论的机会,并基于理解、阐释和使用文化的共同利益,形成城市级文化社区。这些文化社区能够促进市民、研究人员、学生、游客和企业在特定文化遗产上的合作和共同创造,从而创造一个数字文化生态系统。中国工程院院士徐志磊认为,虽然大数据、云计算和可视化技术前景广阔,但是文化的稳定性和同化性才是中华文化繁荣昌盛和中华民族文化自信的根本和保障。

7. 知识进化型智能制造方兴未艾

中国工程院院士林忠钦提出,人工智能与制造业正在深度融合,这将极大促进智能制造概念走向落地,推动我国制造业提高核心工艺能力和制造质量。中国科学院院士丁汉指出,共融机器人可以自主适应复杂动态环境和协同作业任务,具有刚-柔-软耦合的柔顺灵巧结构、多模态感知与认知功能和分布自主与群体协作能力,在高端制造等领域具有广阔应用前景。

8. 创新设计助力新兴产业是经济高质量发展的重要途径

德国设计委员会总经理卢茨·迪超特认为,在工业 4.0 和数字化时代,企业的设计和创新能力需要紧密结合,推动在产品生产及解决方案设计上具有可持续性。ADICOM 集团首席科学官 Klaus P. Jantke 教授认为,创新设计对于新兴产业发展十分重要,创新设计需智能数字系统支持,数字系统可从以前的经验中学习,为设计师、开发人员和领域专家提出有价值的建议,并能将数据库中原有设计的解决方案进行调整,以适应新需求。

执笔整理:上海市人民政府发展研究中心 李锋、陈畅

智能融合，可持续发展

——2019 国际工业互联网大会综述

2019 年 9 月 18 日，国际工业互联网大会在国际会展中心上海洲际酒店举行。本次论坛的主题是"智能融合，可持续发展"，由中国国际工业博览会组委会主办，东浩兰生（集团）有限公司、中国信息通信研究院和工业互联网产业联盟共同承办，政府部门领导、组织机构代表、顶尖科学家、工业科技和制造业企业代表等国内外的行业领袖参与研讨。

一、上海大力发展工业互联网的重要意义

1. 有助于推动上海制造业高质量发展

2018 年，上海连续发布了《上海市工业互联网产业创新工程实施计划》《全力打响"上海制造"品牌　加快迈向全球卓越制造基地三年行动计划》等政策文件，"上海制造"被赋予拥有核心技术、掌控产业链关键环节、占据价值链高端、引领业态模式创新的新使命和新内涵。上海市政协原主席、上海市工业经济联合会原会长、教授级高级工程师蒋以任，上海市智慧园区发展

促进会会长张丽虹等专家认为,大力发展工业互联网,发布工业互联网标杆园区建设体系,成立工业互联网服务商联合体,无疑是为上海制造业的高质量发展赋能,通过构建良好的工业互联网生态环境,打造高质量发展样板,形成区域辐射效应,进一步提升上海制造业的自主创新能力,促进新旧动能转换。

2. 有助于增强上海城市服务实体经济发展的能力

上海市智慧园区发展促进会会长张丽虹认为,工业互联网是新一代信息技术与制造业深度融合所形成的新兴业态和应用模式,是连接制造强国和网络强国的有力纽带。上海作为近代工业的发源地,我国改革开放的排头兵和创新发展的先行者,率先提出了创建"全国工业互联网示范城市"的目标。当前,上海正处在加快建设"五个中心"、承担国家交给上海的三项新的重大任务的重要时期,发展工业互联网,有利于上海服务实体经济创新发展,连接长三角城市形成产业分工互补,全力探索高质量可持续发展的转型之路。

二、中国工业互联网的发展现状

1. 国际工业互联网呈现数字化、网络化、智能化发展趋势

上海市经济和信息化委员会副主任戎之勤、京东零售集团企业业务事业部工业品业务部总经理丁德明等认为,随着新一代工业革命在全球范围内的深入推进,国际工业互联网发展呈现出新面貌、新趋势。一是领先企业的数字化业务迅猛发展,着手打造数字化供应链、数字化服务、数字化营销体系、数字化平台等,以期实现数字化决策;二是技术应用创新日益活跃,注重关键技术提升,重视工业场景应用,推出边缘计算产品,设计通用分析工具及先进数据分析算法,致力于实现人人能与数据对话;三是工业互联网生态圈建设步伐加快,企业、行业间积极开展技术合作,实现能力互补,一方面围绕基础技术开展合作,夯实支撑能力,另一方面围绕前沿技术开展合作,打造竞争优势,积累专业知识;四是工业互联网向高端迈进的步伐加快,中国信息通信研究院华东分院副总工程师贺仁龙认为,随着5G的快速发展,工业互联网逐渐致力于实现制造透明化,工业 4.0 的发展进程也随着 5G 应

用加快。

2. 我国工业互联网进入加速创新的发展阶段

当前,我国工业互联网从概念倡导转向实践深耕,初步呈现出战略引领、规划指导、政策支持、技术创新和产业推进良性互动的发展格局。

一是相关政策和措施陆续出台。我国高度重视工业互联网发展的顶层设计和规划。2017 年 11 月颁布《"互联网＋先进制造业"发展工业互联网的指导意见》,明确指出我国工业互联网发展的"三步走"战略和详细的路线图。2018 年,又陆续出台了《工业互联网 APP 培育工程实施方案(2018—2020 年)》《工业互联网发展行动计划(2018—2020 年)》《工业互联网专项工作组 2018 年工作计划》等政策文件,明确提出要在 2020 年初步建成工业互联网基础设施和产业体系。

二是工业互联网平台蓬勃发展。全国已形成 30 多个工业互联网平台,涵盖航空航天、信息电子、装备制造、石油化工等行业,在个性化定制服务、质量优化、流程优化、工艺优化、资产管理、协同创新等方面涌现出一系列创新应用,大幅度提高了制造业的竞争能力。

三是工业互联网生态加速构建。工业互联网产业联盟围绕研发设计、生产制造、应用服务等关键环节,成功举办了多项重大赛事活动,推动了资源富集、多方参与、合作共赢、协同演进的工业互联网平台应用生态构建。

四是数据化支撑的工业互联网模式突出。工业互联网三年行动计划在上海的首次发布,标志着工业互联网 2.0 迈出第一步,5G、人工智能的发展为工业互联网的创新发展按下了加速键,5G 为数字经济提供关键设施,为工业互联网数字化转型提供关键支撑,形成了工业互联网全面开发生态立体图,推进工业互联网 2.0 发展。

3. 我国工业互联网发展仍面临四大瓶颈

一是平台开发与应用落地存在差距。我国工业互联网正处在由重视平台开发向应用落地转换的过渡阶段,工业互联网模型复杂、业务链长、可靠性要求高,难以复制消费互联网以平台开发实现快速规模化的经验,在制造场景中的落地面临解决方案能力不足和商业模式创新不够的考验,目前能够自身造血独自运行的平台屈指可数。

二是企业基础能力跟不上智能发展速度。上海市政协原主席、上海市工业经济联合会原会长、教授级高级工程师蒋以任和智能云科总经理朱志浩认为，中国制造业在转型升级的关键阶段遭遇智能化加速，工业企业的发展实际远远不能适应智能化平台化的要求，相当一部分制造企业的自动化、数字化和智能化水平比较低，设备连接能力不足，设备异构化现象比较严重，无法支持工业互联网的全面数据采集、传输和应用层的监控、分析和优化。云智汇智能制造解决方案总监夏青认为，大多数制造业企业还没有通过数字化转型把生产、研发、财务、管理等各环节信息系统打通，导致现有工业互联网平台汇聚的设备、模型、企业等资源少，工业大数据场景缺失，难以形成成熟的行业解决方案，无法满足企业转型升级的需要。

三是信息技术与运营技术融合不足。英特尔工业解决方案部门的克里斯汀·博尔斯认为，运用工业互联网推动制造业转型升级，离不开信息技术（IT）与运营技术（OT）的深度融合。上海市政协原主席、上海市工业经济联合会原会长、教授级高级工程师蒋以任认为，当前，我国互联网企业积累了丰富的数据分析技术，但缺乏工艺、生产、现场管理等经验，而大多数工业企业的研发人员、管理人员、技能工人等对信息技术不熟悉，甚至存在排斥心理，制约了工业互联网的场景落地。

四是复合型人才缺乏。工业互联网人才不但需要计算机通信技术和工业技术等多方面的专业知识，还需要十多年的企业技术经验积累，以及对数据抽象建模、优化和分析的能力。多位与会专家认为，目前我国严重缺乏既懂工业技术又懂软件开发和管理的复合型人才，成为企业智能化转型的一大痛点。

三、加快推动上海工业互联网发展的政策建议

1. 进一步加强人工智能技术对工业互联网的应用支持

工业互联网是制造业数字化、网络化、智能化的重要载体，也是全球新一轮产业竞争的制高点。德国汉堡科学院院士、德国汉堡大学信息学科系教授张建伟认为，人工智能目前在各行各业得到较好运用，但人工智能如何能够思考、帮助决策、能够行动是未来的挑战，要推动人工智能更好地落

地,加速人工智能融入制造业,促进企业提质增效,降低成本。一是大力推广人工智能在制造业领域的应用。用人工智能的场景再造工业场景,在制造企业做好前期储备的基础上发挥人工智能技术的辅助作用;二是提升企业数字化经营能力。京东零售集团企业业务事业部工业品业务部总经理丁德明认为,数字化经营能力包括数字化商品、数字化金融、数字化技术平台、数字化工业链、数字化零售、数字化服务,加快数字化决策,以数字化、智能化推动企业的管理智能化,打造一体化的信息集中控管和协同应用平台,实现生产、管理的实时监控,推动智能企业发展,重视数据质量、数据标准,夯实数据管理能力;三是加强企业间的协同合作。与会专家一致认为,推动工业互联网发展,要加强企业间数据联动,加快建设 AI 生态圈,实现企业资源共享,合作共生,促进技术有效落地。

2. 积极培育工业互联网平台生态

SAP 集团 SVP 暨中国研究院院长李瑞成认为,在推动企业数字化转型方面,必须打造一个完整架构和虚拟世界,一是继续推进智能车间和智能工厂建设、两化融合管理体系贯标等工作,提高制造企业的自动化、数字化和网络化水平,提升制造企业的工业互联网接入能力;二是着力发挥工业互联网平台能力的输出管道作用,推动工业 APP 向平台汇聚,重点发展共性工业APP、行业通用工业 APP 和企业专用工业 APP 等;三是推动企业上云,促进工业企业云上转型,实现工业数据云端化积累,为工业互联网发展沉淀丰富的数据资源。

3. 努力完善工业互联网发展的政策体系

充分借鉴国外的先进发展经验,完善工业互联网的顶层规则体系,加大资本、人才、技术、财税等方面的支持力度,为工业互联网发展营造良好的发展环境。上海市政协原主席、上海市工业经济联合会原会长、教授级高级工程师蒋以任认为,要强化政策支持,汇聚上海制造新蓝图,一是发挥长三角一体化、临港自贸区新片区的政策优势,发挥上海一体化的桥头堡作用;二是抓住进博会的大好契机,借"走出去"构建全球新网络,营造开放、共享、包容、促进创新、保证公平的良好发展环境;三是加强工业互联网发展保障体系建设,完善相关法律法规,进一步健全工业互联网保障机制。

4. 加强人才队伍建设

多位与会专家认为,运用工业互联网推动中国制造业转型升级,需要大批既懂工业互联网技术又熟悉工艺、研发、综合服务、工业品营销等领域的复合型人才。一是支持高校开设相关专业,创新现有学科专业设置模式,尤其是鼓励理工科高等院校增设工业互联网、人工智能、大数据等相关学科及课程,加强应用型高校、职业院校工业互联网工程创新训练中心工程实验室等载体建设;二是支持工业互联网平台企业引进经验丰富的制造业技术人才,实现数据技术人才与工艺人才的深度融合;三是引导地方政府举办工业互联网专题培训,对工业企业技术人员、管理人员等进行工业互联网培训,转变传统的工业发展理念。

执笔整理:上海市人民政府发展研究中心　高骞

上海师范大学　宋雅静

协作、互联、智领未来

——第八届中国机器人高峰论坛综述

第八届中国机器人高峰论坛暨第五届CEO圆桌峰会于2019年9月18日在西郊公园举行，主题为"协作、互联、智领未来"。此次论坛由中国国际工业博览会主办，上海市机器人行业协会协办，来自中国、美国、日本等国的政府部门领导、知名企业高管、研究机构学者以及行业领袖参与研讨。

一、大力发展机器人产业的重要意义

1. 制造业转型升级的强大推动力

目前，全球制造业领域工业机器人的使用密度已达到每万人85台，工业自动化进程仍在稳步加速。2018年，中国、日本、美国、韩国和德国等主要国家工业机器人的销售额超过全球销量的3/4。中国成为全球工业机器人使用密度增速最快的国家，也是最大的工业机器人销售和应用市场。新松机器人自动化股份有限公司创始人、总裁曲道奎认为机器人行业相关前沿技术正在迅猛发展，推动互联网、大数据、人工智能同实体经济深度融合，助力先进制造业从"机器换人"到"人机协作"，引领产业加速升级。

2. 新兴技术落地的主要着力点

上海节卡机器人科技有限公司董事长总经理李明洋、上海非夕机器人科技有限公司首席 AI 科学家卢策吾等专家认为，全球机器人前沿技术不断升级，机器人自动化、安全化及智能水平稳步提升，应用领域向加工型任务拓展，人机协作正在成为工业机器人技术研发的重要方向，使得机器人产业的发展同 5G、人工智能、互联网大数据等新兴技术密不可分，从而成为人工智能创新生态链不可或缺的重要环节。优傲机器人贸易（上海）有限公司中国区销售总监田玮认为，小型化、轻量型的协作机器人以其灵活高效的生产模式、用户友好的操作界面，成为越来越多制造业企业的选择，以实现降本增效。富士康工业互联网有限公司副总裁王宇等多位与会专家认为，生产流程中，操作者、机器人、设备、产品即时生产数据，通过云端直接接入工业互联网，通过人工智能实现产品生命周期数字化和模型化，制造业愈加呈现出网络化、智能化的发展趋势。机器人行业龙头企业纷纷开始布局工业互联网。

3. 中国实施制造强国战略的重要突破口

多位与会专家一致认为伴随新一代通信技术以及人工智能技术与制造业加速融合，全球机器人行业即将步入智能化的新阶段。中国已成为全球最大的工业机器人销售及应用市场，下一阶段的发展重点以加强理论研究为基础，攻坚克难，以加强核心零部件研发为手段，以加强机器人技术与新兴技术为导向，拓展机器人应用场景，培育一批具有国际竞争力的龙头企业，营造良好的机器人行业生态，促进制造业转型升级，催生新技术、新业态、新模式，为制造强国提供新动能。

二、上海机器人行业发展现状评价

1. 上海机器人行业具备良好发展基础

一是产业基础。上海是中国的"机器人之城"，集聚了 ABB、发那科、安川、JAKA 等一批国际机器人领域的巨头企业。机器人产业已成为上海推进科技创新，发展智能制造，提升高端装备的核心领域，围绕人机协作、人工智能和仿真结构三大重点领域,上海机器人产业取得快速发展,特种机器人蓄势待发,无人机、水下机器人等已形成规模化。

二是组织基础。五年前,上海在全国最早成立了机器人行业协会。上海市机器人行业协会戴柳会长认为上海机器人行业协会以"搭建平台、服务会员、增进合作、推动发展"为宗旨,推动机器人企业发展和传统制造业升级,回应社会服务需求,加强政府产业政策咨询。同时,机器人行业协会在行业标准化、质量管理、平台建设等方面,推动了长三角区域内的产学研结合以及人才资金市场的联动,放大了以上海为龙头的长三角机器人联动发展效应,助推各类机器人开发与部分关键核心技术研究取得突破。

三是政策基础。上海把人工智能作为抓住全球新一轮科技革命和产业变革的机遇,于 2019 年 6 月发布了"上海市智能制造行动三年行动计划",力争三年内实现智能制造装备产业规模超过 1 300 亿元。其中机器人及系统集成产业规模突破 600 亿元;同时进一步深化 5G、人工智能、互联网、大数据和制造业融合的深度。

2. 上海机器人行业发展面临的挑战

一是基础技术研发能力较弱。我国的工业机器人专利技术主要来自机械手、焊接两大领域,约占专利申请数的 95%;而精密减速器、服务器、伺服电机三大核心零部件领域的相关专利申请占比不足 5%,因而国内机器人企业主要集中于产业链中下游,基础研发能力薄弱,产品技术含量较低。

二是关键零部件依赖进口。机器人核心生产技术被全球少数几家公司垄断,国内企业尚不具备核心零部件自产能力,核心零部件 70% 以上依赖进口,大多以组装和代加工为主,产业集中度不高。

三是行业利润率较低。三大核心零部件占整个机器人总成本的 80% 以上,是产业链中利润最高和市场定价能力最强的一环。由于主要核心零部件依赖进口,压缩了国内机器人企业的盈利空间,致使长三角地区机器人产业平均销售利润率只有 13.2%,远低于国际机器人行业 25% 的水平,未来行业投资风险较高。

三、进一步加快上海机器人产业发展的政策建议

1. 聚焦短板弱项，夯实技术基础。推动机器人基础理论、核心关键共性技术、软硬件支撑体系协同并进，构建开放协同的机器人科技创新体系。上海市经济和信息化委员会张建明副主任和众多与会专家认为，要加强基础理论研究，不断补齐短板，以理论指导技术升级；要加强核心零部件研发，聚焦关键领域，着力攻克精密减速器、控制器以及伺服电机等关键装备中的核心零部件，减少对国外技术的依赖。富士康工业互联网有限公司副总裁王宇认为，要加强与人工智能等新兴技术的结合，全力推动人工智能技术实体化和实用化，积极推进机器人产业链协同发展。

2. 积极拓展机器人与人工智能应用场景的融合，加强科技前瞻布局。上海市经济和信息化委员会张建明副主任等多位与会专家认为，要坚持机器人研发攻关、产品应用和产业培育三位一体推进，强化创新链和产业链的深度融合，技术供给和市场需求互动，以技术突破推动领域应用和产业升级，以应用示范来推动技术和系统的优化，促进人工智能与机器人产业集聚发展，营造良好生态。积极扶持重点企业成长，全力培育引进一批龙头企业，对于具有发展潜力的初创型企业提供全天候的服务。完善企业跟踪辅导工作机制。努力加大知识产权保护力度，与时俱进地完善知识产权保护制度，激励科研工作者创新精神，营造良好的创新生态与市场份额。进一步加强人才梯队建设，大力培养和引进行业优秀人才，鼓励企业与高校开展人才培养，壮大机器人产业人才队伍。

3. 加强功能性平台建设，推动机器人应用示范。上海市机器人行业协会戴柳会长认为，要完善长三角机器人产业生态，推动上海机器人企业走向长三角，鼓励产业链上下游企业加强合作，推动制造技术与信息技术的集成创新。加强产、学、研、用结合的联合攻关平台建设，鼓励高校科研院所与企业开展合作，形成以企业为主体、以产学研用结合为抓手的联合攻关平台，整合各方科研资源，共同推动基础前沿理论和关键共性技术研究。探索设立机器人产业基金，发挥数字经济产业创业投资基金杠杆的作用，吸引社会资金，金融资本加大投入，促进产融结合。实施机器人应用示范工程，发挥

龙头骨干企业技术创新示范带动作用,构建以机器人为核心的应用创新体系,加速机器人在各行各业的推广应用。

执笔整理:上海市人民政府发展研究中心　高骞

上海交通大学　贡顺琦

创新提升，共创未来

——长三角开发区开放创新暨国际产业合作论坛综述

2019 年 9 月 18 日，长三角开发区开放创新暨国际产业合作论坛在国家会议中心举行。此次论坛由上海市经济和信息化委员会、浙江省商务厅承办，主题是"创新提升、共创未来"，来自长三角各省市政府部门与长三角开发区协同发展联盟成员单位、联合国工业发展组织上海投资促进中心、南京大学和复旦大学的知名学者、业内优秀企业代表等参与研讨，通过政策解读、主旨演讲和经验分享等形式，重点探讨长三角开发区贯彻落实长三角一体化发展战略，推进产业协同、创新发展和国际产能合作。

一、加强长三角开发区合作的必要性

1. 稳定区域经济增长，带动科技创新

上海市经信委副主任吕鸣认为，开发区是长三角各省市对外开放的主平台、经济发展的强引擎、产业集聚的重要途径、科技创新的中坚力量、产城融合的重要载体。在当前经济下行、压力日益增大的严峻形势下，开发区无

疑是促进高质量发展的主力军,充分发挥稳外资、稳金融、稳就业、稳投资、稳预期的作用,对各地进一步加快科技创新、优化产业布局、促进动能转换都具有十分重要的影响。

2. 积极落实国家战略,提升产业竞争力

浙江省商务厅副厅长房立群认为,产业高质量发展是长三角一体化的战略驱动力,不仅是区域间的产业重组,更要集聚全球要素资源,发挥比较优势,携手共进,整体提升区域经济能级和核心竞争力。随着长三角区域基础设施、制度规则、要素流动等一体化进程的逐渐深入,以价值链为特征的空间经济结构和专业分工体系将越发鲜明。加强长三角开发区合作与创新,有利于各地规模效益和竞争优势进一步凸显,打造更好参与全球竞争的世界级产业集群,将践行国家战略和谋求自身发展相结合,共同做大长三角一体化发展的"大蛋糕"。

3. 夯实中央财政基础,保持宏观经济可持续发展

复旦大学产业与区域经济研究中心主任范剑勇认为,上海、浙江、江苏作为全国少有的财政盈余省市,对于中央财政做出了重大贡献,中央在长三角进一步提升制度红利,为上海的科创中心建立创造条件,垂直一体化,形成长三角各省市之间垂直一体化的合理区域分工与合作,对于整体宏观经济稳定可持续发展具有重要作用。在上海制造业用地紧张、制造业成本高的背景下,通过将上海和各中心城市低端制造部门转移到非中心城市,通过土地指标的互匀与垂直型一体化的策略建设高质量的制造业实体,更好地支援全国各省建设。

二、长三角开发区合作发展现状

1. 产业园区合作发展已进入制度创新发展的新阶段

南京大学建筑与城市规划学院副院长罗小龙指出,2003年至2007年,以江阴靖江工业园区为标志,以江苏省"南北挂钩"共建园区为代表,长三角产业园区合作进入探索阶段。2008年后,安徽省围绕皖江城市带承接产业转移示范区建设,浙江省开始推进"山海协作"产业园共建,跨省市结对共建产业园逐渐出现,长三角园区联盟成立。"十三五"以来,长三角产业园区合

作进入制度创新的阶段,长三角地区共建园区体系基本形成,国家发改委提出要完善"飞地经济"合作机制,鼓励按照市场化原则和方式展开飞地园区建设。

2. 共建园区合作成效日益彰显

共建合作园区建设效果较好,带动了区域经济发展。在园区产值方面,江苏省南北共建园区 2017 年完成工业产品销售收入 6 020.59 亿元、规模以上企业工业增加值 1 177.65 亿元、地方公共预算收入 149.11 亿元;浙江省 9个山海协作产业园 2018 年完成工业总产值 275 亿元、实现税收 9.1 亿元;安徽省结对园区 2018 年前三季度共完成财政收入 36.9 亿元、税收 13.4 亿元,都形成较快的增长速度。在主导产业选择方面,江苏以电子信息、新能源产业和新材料产业为主;浙江以装备制造业、新材料产业和机械制造业为主;安徽以装备制造业和机械加工业为主,在部分产业领域形成较强的创新链协同和供应链配套。

3. 形成了多种类型的产业园区合作模式

南京大学建筑与城市规划学院副院长罗小龙认为,依托共建园区实现了发达地区对欠发达地区的精准帮扶,以承接产业转移为主的跨省共建园区缓解了转出地产业升级、用地紧张的压力,并带动了转入地的产业发展。各地共建园区发展水平各异,总体而言,江苏共建园区起步早、规模大、产业较高端,经济效益较好。浙江和安徽共建园区建设起步相对较晚,现阶段共建园区仍以装备制造、机械加工等高能耗产业为主。

三、进一步加强长三角开发区合作的政策建议

1. 进一步加强多层次的园区合作

多位与会专家认为,要促进产业发展、科技创新、金融投资、数据互联、政府服务等以高质量和一体化为特征的全方位、宽领域、多层次的合作不断加深,强化产业分工协同,加强产业定位和空间布局研究,积极编制长三角产业地图,围绕高端装备、电子信息、生物医药等重点产业,加强城市、园区和企业间的联动。聚焦区域核心产业,做高价值区段,借助长三角开发区协同发展联盟,G60 科创走廊等产业平台,促进战略新兴产业领域的政府间合

作,联手打造世界级的产业集群。对标国际最高水平,推进资源要素市场化改革,发挥对内对外两个扇面的纽带作用,强化国际国内两个市场的资源配置能力。

2. 进一步优化长三角区域营商环境

多位与会专家认为,要充分发挥开发区改革高地的作用,围绕一体化进程中的痛点和堵点,逐步打通各地政策、规则和标准的差异,着力营造法制化、国际化、便利化的国际营商环境。要建立上下游紧密联系的产业链集群,强化上海核心城市的服务功能,加强科创中心建设与长三角周边城市产业链的配套。加快改变目前基金对中小科技型初创企业支持不足的局面,逐步打造着眼于中小科技型初创企业融资需求的创新风险基金体系。

执笔整理：上海市人民政府发展研究中心　高骞、胡德勤

科技创新强国与集成电路发展

——2019 中国(上海)集成电路创新峰会院士圆桌会议综述

2019 年 10 月 18 日,由上海市科学技术协会、国家集成电路创新中心、中国电子学会主办的中国(上海)集成电路创新峰会"科技创新强国与集成电路发展院士圆桌会议"在上海市科学会堂举行。中国科学院许宁生、毛军发、刘明、杨德仁院士出席本次圆桌会议,与会的还有其他专家和相关部门领导。会议围绕集成电路技术发展趋势、集成电路产业发展特点与方向、集成电路合作与自主发展等三大议题展开热烈讨论并提出具有可操作性的建议。

一、"后摩尔时代"集成电路技术发展趋势预测

1. 延续摩尔定律的先导技术仍是集成电路技术热点

复旦大学微电子学院院长、国家集成电路创新中心总经理张卫教授认为,摩尔定律延续的关键,在于光刻工艺、逻辑工艺、存储器、超越摩尔、第三代功率这几大模块的技术进步。国际上围绕这几大模块的产业链正日趋完

善,设计、制造等技术协同发展,产业发展不断深入,战略性新兴产业突起。国内主要半导体企业也已经重点布局,蓄势待发,比如中芯国际、华虹集团、长江存储等公司。

2. 提高性能功耗比将成为集成电路技术主要驱动力

张卫教授进一步指出,由于器件特征尺寸缩小至极限并将出现量子效应的挑战,完全依靠传统意义上的摩尔定律对于技术驱动的推进而言阻力较大。从 2017 年开始,电气和电子工程师协会(IEEE)开始组织编写"器件与系统路线图(IRDS)",成为集成电路产业发展新的指引,半导体技术的发展演变趋势从以前更小的特征尺寸、更高的集成度、更低的价格逐步演变为降低芯片功耗、扩展芯片功能等。

3. 后摩尔时代的微电子技术是集成电路技术新兴增长点

上海交通大学副校长毛军发院士认为,"超越摩尔"这个提法不好,因为摩尔定律不能超越,只能绕开,这是两条平行的路线。后摩尔时代,异质集成技术的出现和相应产品的生产,使得非数字、多元化半导体技术与产品可以在成熟的工艺生产线上研发,无需遵循摩尔定律也可以实现系统多功能化。

二、中国集成电路产业发展的主要问题

1. 产业发展需要做进一步战略性规划

中国科学院微电子研究所叶甜春所长指出,在发展周期方面,需要做长期规划,以提高中国集成电路产业在全球产业链中的地位。集成电路产业发展是一项长期性、综合性、复杂性的系统工程,涉及百年发展的问题,当下在集成电路产业创新的环境和机制上还缺少顶层的、长期的、战略性的规划和设计。中国的设计、制造、装备、封装材料等产业链基础环节门类已较为齐全,但未形成"有优势、能突破"的关键领域,"卡脖子"难题仍然有待解决。

2. 产业发展的要素投入不足

上海集成电路行业协会秘书长徐伟认为,我国集成电路行业的资本和人才投入依然不足。由于集成电路产业发展的特殊性,需要大规模资本投入,过往依靠重大专项、重大产业基金的投入方式,缺少投入的持续性,不利

于产业长远发展。同时，由于制造业的整体收入相对较低，相应企业在人才的选、用、育、留上难做文章，高素质人才供应不足已经成为中国集成电路产业发展的重要障碍。每年和集成电路相关专业毕业生达 30 万，但只有 15% 会真正进入这个领域。

三、对中国上海发展集成电路产业的建议

1. 高度重视集成电路产业发展的战略性和长期性

与会专家都认为，要树立全局思维，提高总揽产业发展全局的能力，充分认识集成电路产业在国民经济中的基础性和战略性地位。它是一个国家综合国力的体现，是全球主要国家竞相争夺的产业制高点，在制造业体系中发挥着重要支撑作用，对经济社会的发展影响深远。集成电路产业的发展是一个长期的过程，不可能毕其功于一役，在产业链成熟起来之前，需要持之以恒的资金投入和政策支持。

2. 发挥举国体制优势解决卡脖子问题

中国航天科技集团有限公司九院科技委赵元富副主任认为，在市场发挥决定作用的基础上，发挥举国体制优势，对重点卡脖子技术进行技术攻关。以企业和科研院所联合攻关的形式，迅速、高效地调动资金、人才等各方面力量，发挥各个主体的优势，实现我国对集成电路卡脖子技术的突破。在投资力度与技术研发等方面持续发力，形成关键技术上梯次接续的系统布局。

3. 打造全球产业链上的优势环节

叶甜春所长认为，在做实、做强已有体系的同时，以重点领域龙头（核心）企业为抓手，聚集国内外优势资源，推动关键核心技术攻坚和产业化，对于"有优势、能突破"的领域，形成上海制造在全球产业链上的优势环节，构建全球产业链上的反制能力。

4. 发展特色工艺做强特色产品

电子科技大学集成电路中心主任张波教授指出，后摩尔时代，除了依赖先进工艺的尺寸缩小外，还需对特色工艺进行非尺寸改进，实现降低成本、系统小型化、提升效率等主要目标。避免照搬国际通用的摩尔定律发展模式，关注我国集成电路发展上"弯道超车"的其他路线，着力发展特色工艺技

术,创新发展新器件和三维系统集成封装,形成独特的工艺和应用,从整体应用系统、标准到器件制造,将工艺、材料等软硬件结合起来,在已有工艺的基础上,把工艺做细、做深,打造新的生态。

5. 参与国际分工与合作

刘明院士认为,要根据上海集成电路产业发展水平,本地集成电路产品的市场特点,以及资源禀赋的优势,在追求高产值、高附加值的同时,充分发挥比较优势,寻求与他国的差异化发展,加强国际间合作,积极融入国际分工。

6. 破解集成电路相关人才工作难点

张波教授指出,要直面日趋激烈的人才竞争,切实提高集成电路制造相关科研人员、技术人员的收入水平。充分尊重人才,在收入分配上向科技人才倾斜,改变过去重设备、重技术、轻人才的状况,尤其重视提高一线技术工人的收入水平,设置合理的考核、晋升制度。让技术人才安心工作,不断提高技术水平,成为大国工匠。

7. 以市场应用牵引产业发展

徐伟秘书长认为,要充分利用"后摩尔时代"物联网、人工智能、5G 等市场对集成电路的广泛需求,推动科研成果快速转化,产业水平不断提高。重点聚焦上海传统优势产业,深化通信、汽车电子等领域对集成电路产品的广泛需求,以市场应用引领产业升级,以"应用引领、产品需求驱动"构造中国特色集成电路发展路径。

8. 打造长三角区域全球集成电路产业高地

与会专家都认为,要以上海为中心,构建全球集成电路产业链最完善、产业集中度最高、综合技术能力最强的地区。发挥上海集成电路国家实验室与功能性平台(国家集成电路创新中心、国家智能传感器创新中心)的优势,聚焦集成电路领域创新,整合各区域优势资源,协同发展、错位竞争,推动新的应用与现有技术平台结合,形成更大更广的集成电路产业集群,把长三角地区建设成为具有全球影响力和竞争力的集成电路产业创新高地。

执笔整理:上海市人民政府发展研究中心　黄佳金

华东师范大学　郑晓军

前沿科技 · 未来交通

——2019 智慧交通论坛综述

2019 年 9 月 18 日,由上海市交通工程学会举办的智慧交通论坛在上海科学会堂举行,上海市科学研究所赵越工程师、同济大学交通运输工程学院叶霞飞教授、上海浦东建筑设计研究院市政交通规划院冯忞副总工程师、上海智能交通有限公司常光照总经理等专家学者、企业领袖参与了探讨。

一、交通发展是人类社会和城市发展的重要支撑

1. 交通科技和交通工具的创新是经济高度化的重要标志

首先,交通科技和交通工具的发展,促进人们的交流交往,使得思想和知识的增进更为便利,人的知识和思想得到空前解放,使社会发生了重大的变革,人的横向流动实现了社会的纵向流动。其次,交通科技和交通工具的发展,促进着区域间互通有无,使得广阔地理空间上的贸易更加便捷。贸易的实质就是更广阔地理空间、更庞大人群规模上的专业化分工、大规模协作和高频次交换带来的规模效应和范围效应。最后,交通科技和交通工具的

发展,不仅是现当代制造业发展的一项关键因素,促进着多领域的科技进步,也对社会治理能力和水平产生新的要求,带来更新的生活模式和文化样式。

2. 交通是城市发展当中非常重要的基础

如果把城市看作是一个有生命的有机体,那么交通就是城市中非常重要的循环系统,交通一旦出现问题,它所带来的变化便会冲击这个生命本体的发展。城市是两种"流"的产物——一个是维持和促进城市本身基础设施和居民发展的能源、信息和资源流;另一个则是所有公共社会网络开发的信息流和物资流。其中,交通对于前者来说显得尤为重要,无论是服务的效率还是供应链和商务运营的模式都与交通有很大关系。一方面,城市的边界是由交通工具和科技所决定的,人们能忍受的通勤时间也是有限度的,而交通就是在限度内不断扩大人们的通勤范围;另一方面,随着人们活动的范围扩大,人的生活节奏加快甚至达到生理极限的情况,又会促使城市的副中心和交通系统立体化的形成,让人们有更多的时间和精力从事更有创造性的工作。因而,交通规定了城市的边界,给定了城市的效率,奠定了城市的位阶,对城市的内部运行和对外关联起着重要作用。

二、上海城市交通发展面临的新环境和新要求

1. 前沿科技影响着未来交通的发展趋势

前沿科技将会对未来交通产生影响,未来交通发展趋势主要呈现四大特点。一是绿色化,可再生资源占比在未来将会超越化石能源,新能源交通工具载体也会得到进一步普及,动力进一步增强;二是共享化,尽管共享汽车现在模式尚未成熟,但是有巨大前景,在充电免费、停车免费、仅付租金的优惠下,模式一旦进一步完善,会对私家车市场造成冲击,并会带动停车场、充电桩等配套的变革;三是无缝化,车是一种载体,但其功能不仅是通勤,它提供的空间可以拓展其他的功能,通过交通切换的无缝化,节约更多的时间;四是智能化,每一辆车在交通影像化的现在都是一个个数据,对于打造交通平台和能源节点都有重要的作用。随着交通的不断发展,结合城市形态的变化,交通工具本身也会孕育发展出新的功能。交通工具成为计算平

台，云网端在 5G/6G 环境下的部署，会使交通工具成为"移动的计算机，智能的机器人"；交通出行成为数据源泉，智能时代交通大数据将成为监测城市运行的重要基础性数据；交通过程成为"第四空间"，随着智能驾驶的普及，在相对封闭的车厢环境中，将形成一个新的空间，在工作生活娱乐之间无缝切换，深刻变革人们的行为模式；交通安全将被赋予新的内涵，除了传统的交通风险之外，由智能驾驶和共享交通带来的黑客劫持、电池爆炸等风险要有前瞻性的应对；交通网络成为数字孪生城市空间中的基本骨架，智慧城市和城市大脑进一步催生出数字孪生城市这一完全虚拟的新空间，而交通网络将成为整个城市的基本骨架，届时全生命周期、以运营管理牵引建设发展的交通发展新理念将会进一步落实。

2. 上海交通发展亟待破解的三大"堵点"

一是基础设施以人治为主，运营管理不善。目前对基础设施的维护主要依靠人工巡检，而人工巡检的结论和巡检人员的状态、技能和态度有极大的关联性，巡检结论存在很大的主观性和不确定性，而且各个设施的修复仍受制于交管部门的规定和要求，造成修复质量差、修复不及时等问题。二是上海交通体系建管分离现象仍存，信息化系统仍有孤岛效应。上海许多重大建设项目的建设时空割裂，信息传递流失，规模越大越杂乱，导致管理系统有差别，信息数据难汇聚、难统一且成本高昂。此外，设施建设时系统互通采用非标软件和数据接口，导致后期对接复杂紊乱极难维护。三是系统性浪费和感知缺位并存。机电设备尤其是智能设备在很多情景中可以代替人工作业达到事半功倍的效果，但上海智能设备的辅助管理运维功能利用度不高。比如摄像头一般用于常规监控，但其功能完全可以复用到交通运营管理方面，对流量、路况进行及时的感知。四是信息技术存在推广滞后和科技迭代的矛盾。信息技术更新换代非常快，很容易便会进入快速衰减期，多数系统都会陷入信息不断流失、维护能力不断减弱的恶性循环中，而且代际之间的推广工作有一定的滞后性，需要处理存量资源和存量利益群体的博弈和平衡性问题。五是交通设计人性化不足。建设标准一刀切的情况仍然存在，对人行道和非机动车道划分不明显，对于残障人士的无障碍设施建设盲目粗放，"以人为本"没有做到"因地制宜"。六是都市圈交通体系尚不健全。经营主体和建设模式较为单一，公交和轨道交通线路、车站分布与运营组织方式不够灵活，财政资金压力较大。

三、促进上海交通优化发展的对策建议

1. 聚焦数据感知，以数据应用提升利用效率

台北的捷运系统共有 13 条线路，以放射状线路为主。出于营运利润的考虑，捷运管理运营方会利用刷卡支付的人流统计和定制巴士等途径对线路进行优化从而保证公交的客流量。建议上海借鉴其模式，一是建立全息感知的数据中心，通过一些算法和模型，强化管理目标数据、运营监测设施本身的健康状况数据以及流量感知数据等分析。通过分析得出结果，为管理部门提供相应的可视化信息服务。此外，随着路网越来越大，机房这种载体可能就要被云计算代替，这样能获得更高的可延展性和适应性。二是强化数据联通。要通过一个客户端形成云控平台和运管平台，建立边界划分原则和信息共享机制，前期建设和后期运管既要界面清晰，也一定要进行一体化考虑。三是实现数据的标准化。数据标识标准化是高质量 IT 系统建设的基石，要逐步建立系统交互标准和业务流程标准，从而应用到所有的项目公司，形成标准化的业务数据，汇聚到基础设施数据库。

2. 政策优化和营造环境并举，引导公共出行

为缓解道路承载压力，提升市民公共出行的意愿，台北不断完善捷运网络、公交线网和自行车的乘车环境，还推出了价格合适的公共运输定期票，整合捷运和轻轨以及 YouBike 等交通工具来争取对汽车没有刚需的人群，抑制机动车等私人交通工具的使用。此外，台北也非常注重智慧运输，将重要道路车流咨询、即时路况、停车场信息、铁路、捷运、计程车等信息整合到手机 APP 中，将智慧交通融合到居民生活中。上海可借鉴其做法，通过实施更有效的公共运输激励机制、营造安全行车环境，利用高科技手段实时便利地提供交通信息，引导市民绿色化、共享化出行。

3. 建立大上海交通圈，探索多元化投资经营模式

一是建设跨行政边界的上海交通圈。强化区域铁路建设和枢纽的打造，并且增大发车编组和发车密度，以此最大程度地扩大运输能力。由于以

铁路为主，在交通组织上可以多种车并列运行，分为特急类、急行类、通勤类、普通类，满足不同乘客的需求。所有的地面铁路全部由轨道公司控制，并且根据不同的类型进行自动操控。二是探索引进民间资本。东京都市圈的轨道交通投资经营主体较为多元，主要分为私营、特殊法人和公营地铁三种，而私铁公司的收益率占有绝对领先地位。因为私铁公司的经营业务不仅局限于铁路经营这一主业，还兼顾房地产开发和经营等副业，由此，私铁公司在建完地铁之后可以通过沿线的商铺和住宅区的开发来达到收支平衡，获取利润。建议上海借鉴其做法，将线路选择在既有或规划的人口集聚通道，轨道交通建设和沿线土地综合开发，确保轨道交通客流效果和投资经营效果。

4. 强化以人为本，精细化推进交通设计

台北非常注重以人为本的精细化交通设计。交通标识设置方面，在设置常规行人交通安全设施时，如果道路没有设置独立人行道的条件，会通过地标或者图层标识出专门供行人行走的区域。对非机动车也有相应的标线，并且与人行横道线错开。在无障碍设施设置方面，台北并不设置盲道，因为盲道会影响到轮椅、婴儿车行驶的舒适度，但在人群密集的地方会在最醒目处标识无障碍电梯的位置并且有很连贯的引导。此外，在学校里面也有无障碍设施的车位，出租车有残障人士专用出租车（后备箱可以放下轮椅）等。建议上海在道路以及配套设施的改造和新建上要因地制宜和以人为本，不照搬，不一刀切。比如对非机动车的定义还有人非共板的界限应有上海自己的特点，在多杆合一和合箱整治方面的标准设置上应有适当的灵活性。无障碍设施要避免为设置而设置，应考虑连续性和合理性，提升其实用性和服务对象的体验感。

执笔整理：上海市人民政府发展研究中心　谷金

推进标准化工作 助力上海高质量发展
——标准化助推高质量发展国际研讨会综述

　　2019 年 9 月 25 日,由上海市标准化协会主办的"标准化助推高质量发展国际研讨会"在沪举行。中国标准化协会理事长纪正昆、国家市场监管总局标准创新管理司副司长肖寒、上海市市场监督管理局副局长朱明、上海市科学技术协会副巡视员黄兴华、上海社会科学院研究员汤蕴懿、中船重工第704 研究所标准研究中心主任刘震、资生堂中国研发中心总经理田村昌平、上海电气科学研究院检测所技术研究院标准与法规总监邢琳等出席。与会政府领导、企业高管、专家学者围绕"标准化助推高质量发展"这一主题,进行了充分的讨论和交流。

一、我国标准化工作的新趋势

1. 标准化工作能力大幅提升

　　当前,我国的标准化形成政府、行业、企业三位一体的标准化工作布局,政府积极发挥引导作用,不断完善标准化管理体制,构建各行业标准体系,推动中国标准"走出去";各行业协会大力开展行业团体标准建设,形成规模效应;企业着眼自身优势领域,参与标准化建设工作,巩固自身优势地位。中国标准化协会理事长纪正昆提出,上海在质量与品牌建设中有着独特优势,上海的标准化工作要为国家高质量发展树立标杆、提供经验,率先展示中国高质量发展的成就。上海市市场监督管理局副局长朱明谈到,上海市为提升标准化工作能力,已出台《上海市标准化条例》,在全国范围内率先对地方标准化指导性技术文件、区域标准化工作、标准化激励政策等做了创制性规定,营造了符合上海特点的标准化创新环境。中船重工第 704 研究所标准研究中心主任刘震认为,近些年我国船舶工业的标准化工作能力不断提升,逐渐形成标准化规模优势。国家标准、国家军用标准、船舶行业标准、军工船舶行业标准等标准的逐步细化,船舶标准化技术组织的建立,有效支撑了船舶工业的发展,对实现船舶行业高质量发展具有重要意义。

2. 标准化支撑作用日益凸显

一是规范相关产业发展,资生堂中国研发中心总经理田村昌平认为,高标准铸就高品质,化妆品行业的国家标准与团体标准的创制,有助于规范整个行业的管理标准、操作规范和产品品质,满足消费者需求,让消费者用得更安心。二是促进新兴产业建设,上海电气科学研究院检测所技术研究院标准与法规总监邢琳提到,我国现已发布《国家机器人标准体系建设指南》与《中国机器人标准化白皮书》,在机器人行业建立了从标准到检测再到认证的完整体系,对推动机器人行业发展,带动我国装备、技术、服务"走出去"具有重要意义。三是支持高新技术运用,中船重工第 704 研究所标准研究中心主任刘震谈到,《国家智能制造标准体系建设指南》秉持"共性先立、急用先行"的原则,优先制定共性的设备互联互通智能工厂建设指南、数字化车间、数据字典、运维服务等重点标准,在此基础上制定大型船舶工艺仿真与信息集成标准,为大型船舶智能化工艺技术的应用保驾护航。

3. 国际标准化取得实质突破

一是承担国际标准化组织领导岗位。国家市场监管总局标准创新管理司副司长肖寒提到,我国现已在 ISO 组织内的多个委员会担任主席,为国际标准化工作提出"中国方案"。二是主导行业国际标准建设。中船重工第

704 研究所标准研究中心主任刘震谈到,我国利用 ISO/TC8 等国际标准化技术平台,围绕"一带一路"国家战略,组织船舶行业相关单位展开国际标准研制,发布了 55 项国际标准,占到 ISO/TC8 所发布标准的 15.9%,在全球范围内广受认可,推动了我国标准"走出去"。三是荣获国际标准最高奖项。2018 年 9 月,国际标准化组织/船舶与海洋技术委员会荣获年度 ISO 最高荣誉奖项,这是我国国际标准化工作的重要突破,也是我国以国际标准促进技术创新,推动行业发展的成功典范。

二、标准化助推上海高质量发展的新对策

1. 打响上海标准,建设核心科技突破地

上海作为全国改革开放排头兵和创新发展先行者,正在全力打造具有国际影响力的科技创新中心,而标准化作为国民经济和社会发展的重要技术基础,在便利经贸往来、支撑产业发展、促进科技进步、规范社会治理中的作用日益凸显。上海社会科学院研究员汤蕴懿认为,上海要进一步推进标准化工作,在培育产业集群上加快突破,紧密结合教育、医疗、城市管理、先进制造等资源优势,形成上下游企业协同发展的良好态势。为探索有效推动本市高质量发展的工作路径,提供标准化的助力作用。同时要充分利用科研院所、功能型平台和科创企业的协同优势,将其与集成电路、人工智能和生物医药等领域的长期技术积累相结合,在重点科技领域打响上海标准、创制上海品牌、打造核心科技突破地,为国家高质量发展树立标杆、提供经验,率先展示中国高质量发展的成就,成为我国高质量发展的引领者、示范者。

2. 统领区域标准,建设智能制造新高地

上海市市场监督管理局副局长朱明认为,作为长三角区域一体化的领头羊,上海的标准化工作也要服务于长三角区域一体化发展的国家战略,从推动区域标准一体化入手,在政府标准和市场标准两个方面共同推动长三角区域间标准互认、互用,围绕产业链构建区域标准联盟,做好标准化工作的规划、督促和落实,推动三地标准信息互通、标准化专家共享、团队标准研制等工作,进一步发挥标准在推动长三角区域一体化发展方面的技术支撑

作用,以标准一体化促进市场体系和公共服务体系一体化。

3. 营造国际标准,建设产业制度先行地

为提升上海在全球城市体系中的影响力和竞争力,上海市要大力推动国际标准化合作与交流,切实发挥上海的区位优势、技术优势和人才优势,打造国际标准化高地。上海社会科学院研究员汤蕴懿认为,制度是发展的基础,合适的制度能够促进产业的进步。上海近年来加快探索、营造适合战略性新兴产业发展的制度环境,逐步形成了以政策公开透明、办事规范、法治环境总体水平较高等为特征的良好营商环境。上海要充分利用其产业制度优势,加强上海国际标准化协作机制建设,支持上海企事业单位积极参与国际标准制定,贡献中国智慧、上海方案。

执笔整理:上海市人民政府发展研究中心　刘钢

华东师范大学　刘立成

新材料、新科技、新需求、新标准

——2019 中国上海新材料产业发展高峰论坛综述

2019 年 9 月 17 日，由上海市经济和信息化委员会指导，上海华谊集团股份有限公司和中国石化上海石油和化工股份有限公司主办、上海市新材料协会承办的中国上海新材料产业发展高峰论坛顺利举办。大会主题为"聚焦高端装备制造，促进化工新材料的研究应用"，工信部原材料司副司长余薇、上海市经信委副主任吕鸣出席并向大会致辞，与来自各相关部门、高校和企业的领导、专家学者共同交流新材料产业的发展趋势。

一、经济社会发展中不可或缺的新材料产业

1. 新材料的重要性与日俱增

工信部原材料司副司长余薇认为，新材料产业是制造强国建设的基础，党中央国务院高度重视新材料产业发展。习近平总书记多次阐述了新材料的战略地位，强调新材料产业必将成为未来高新技术产业发展的基石和先导，对全球经济、科技、环境等各个领域的发展产生深刻的影响。习近平总

书记还指出，新材料产业是战略性、基础性产业，也是高技术竞争的关键领域，我们要奋起直追、迎头赶上。李克强总理也多次对新材料产业的发展做出过重要指示，在今年政府工作报告中，多次将新材料产业的发展作为重要战略任务提出。近年来，工业和信息化部与各有关部门一起，按照党中央国务院决策部署，始终把新材料产业的发展摆在突出的位置，开展了一系列的工作。新材料产业在建设制造强国，巩固国防、军工等方面都有着举足轻重的地位和作用。同时，新材料产业是上海发展新一代信息技术、航空航天、高端装备等战略领域的重要基础；新材料产业的发展也符合上海建设具有全球影响力的科创中心的战略地位。

2. 新材料行业发展势头良好

曹湘洪院士指出，新材料产业是我国材料工业发展的先导，是七大战略性新兴产业发展的基础和保障。当前，我国新材料产业处于"黄金发展"前期，预计到2020年，我国新材料产业总产值将超过6万亿元。与此同时，在中央和地方政府的大力支持下，各地区新材料产业发展迅速，特色产业基地成为我国新材料集群发展的重要依托。通过建设专业性、特色化产业基地，有效地整合资源、人才、技术等要素，凝聚产业的上下游。从产业特色来看，东部地区的产业基地多以综合型基地为主，即一般多以4至5种及以上新材料产业作为基地的重点发展领域。西部地区的产业基地一般都是借助当地的某种优势资源得以发展，重点发展领域一般以1至2种新材料产业为主，例如新疆石河子、甘肃白银等产业基地。按依托要素来看，产业基地发展依托的要素一般包括资源（矿产）、产业基础、技术和人才、地理位置及市场等。就我国新材料产业基地来讲，依托资源优势的产业基地主要分布在中西部地区，例如内蒙古自治区依托当地丰富的稀土资源优势，培育了我国唯一一个以资源命名的新材料产业基地——包头国家稀土新材料高新技术产业化基地；而东部地区则主要依靠技术创新优势，以市场、技术、地理位置及人才等要素创新带动新材料产业发展，如京津地区的新材料产业基地。新材料产业涉及多个工业领域，产品市场前景广阔，是全球最重要、发展最快的高技术产业领域之一。

二、新材料产业技术创新的发展方向

1. 对于钢铁、有色、陶瓷、化工、建材等基础性、技术成熟度较高的材料，应充分发挥市场作用，更多采取产学研合作及企业联盟型模式发展

与会专家们一致认为，一是新材料生产企业、科研院所和高校三者以市场为导向、技术为纽带、应用为牵引，将科研、教育、生产等功能进行系统集成，以加速科技成果的产业化进程，充分发挥高校在基础研究、科研院所在专业技术研究、企业在生产制造方面的优势，促进了技术创新各要素间的整合，有利于全社会共同推进新材料产业技术创新。二是产业链上下游的企业组建合作联盟，上游生产企业以应用型企业需求为出发点，根据性能需求进行反向设计，在项目的初期阶段便参与客户的技术开发，确保研发设计和工程应用保持全程统一，做到新材料研发的先期导入，不仅增强上游企业的不可替代性，提高了资源利用效率，也有利于下游企业提升产品质量水平及竞争力。在此基础上推动建立以应用企业投入为主的研发机制，围绕实际需求开展创新活动。鼓励相关领域研发机构、企业等成立紧密联系的综合体，支持上下游企业双向对接、联合攻关，实现先期介入、精准研发，精准对接应用。

2. 对于特种合金、特种橡胶、碳纤维、半导体材料、特种玻璃等战略性领域，投入较大、回报期较长，单个企业很难完成研发及产业化任务，属于"市场失灵"领域，这就要求应更多发挥政府或军方的引导作用

与会专家们一致认为，一是在政府主导下，产业界、学术界、政府机构等通过"项目制"等形式高效组合，利用政策、资金、研发、制造等资源实现新材料的技术突破，突出政府的主导作用。资源整合效应强，对于投入较大、涉及面广的"市场失灵"领域具有较好的实施效果。二是面向民用和军用两类需求，通过"军转民""民参军"或者"军民共建"等方式，实现新材料军事技术和民用技术的融合，将民间资源与高标准、先进的军事力量结合起来，推动先进军用材料民用化及民用材料的高端化，加速新材料技术的推广应用进程。通过政府采购、军方采购等形式，结合"首批次""首台（套）"等政策，整合政府、军方、科研机构、企业资源，构建运行高效的产用结合机制，实现研发制造与产品应用的反复迭代,破解"有材不敢用"的难题,突破共性技术瓶颈。

3. 对于石墨烯、纳米材料、智能材料等前沿性领域,应强化高校院所的主体作用,发挥政府的引导作用,通过搭建平台,吸引更多社会力量参与技术创新及产业化进程

与会专家们一致认为,通过搭建新材料模拟、研发、试验大数据平台,运用计算材料学和可共享的材料数据库加速新材料研发和工程化应用,将新材料研发设计"上云",在科研机构、企业、用户之间搭建互通有无的桥梁,畅通产用结合渠道,使得新材料研发周期缩短,分领域搭建材料数据共享平台,开发高通量、自动流程、多通道集成计算系统,探索建立重点领域数据库和数据共享机制,吸引研发、生产、应用方参与数据提取与录入,实现新材料设计制造的横、纵向集成。搭建若干新材料中试平台和基地,鼓励前沿新材料领域的科技成果转移转化,减轻企业建设中试线的成本。

三、加快发展新材料产业的政策建议

1. 统筹谋划关键政策,夯实产业发展根基

工信部原材料司副司长余薇认为,应加强事前沟通、事中协调、事后督查,促进部门工作衔接配合,集中力量协调解决重点问题。联合财政部,加强新材料生产应用示范平台、测试评价平台建设,启动实施新材料资源共享平台建设方案,搭建畅通新材料产业应用、衔接的四梁八柱。不仅要支持大型企业建立自己的中试平台,也要通过基金来建设社会性、公益性的中试平台,对运用平台做产业化的相关企业要给予一定补贴,帮助新材料技术跨越从实验室走向工厂的"死亡之谷"。完善科技投融资体系,鼓励公益性或社会资本进入成果转化和创新创业环节,建立针对各个环节的投资渠道,保障科技成果从研发、策划、孵化、产业化的资金供给,鼓励创投机构在创新型中小企业初创期介入,在新材料从产品到商品的过程中搭建好桥梁。破除技术交易壁垒,设立各种形式的技术交易市场,促进科技成果"产与需"的对接。改革科研评价体系,盘活高校院所"沉睡的创新成果"。

2. 丰富完善支撑载体,加大发展支持力度

与会专家们一致认为,继续指导国家新材料产业发展专家咨询委员会发挥的重要作用,以民机铝材上下游合作机制为突破口,扩展行业至全口径、全领域的合作。指导建设碳纤维及复合材料、电子化工新材料等产业联盟。加大前沿新材料创新力度,鼓励企业增加研发投入,加快布局自主知识产权,通过原始创新、集成创新和引进消化吸收再创新,突破关键核心技术,提高国产材料的性能。完善激励机制,对在产品性能、工艺技术方面有较大突破,产业关联度高、示范带动作用强的技术创新项目给予相应奖励,不断提高高端材料国产化的比例。鼓励企业及研发机构采用高通量计算、高通量合成与表征、材料基因组等新型研发方式,不断缩短新材料技术的研发周期,降低新材料相关企业的生产成本。围绕产业发展前沿和重大技术装备需求,支持科研机构、企业等集中力量突破关键核心技术,补齐行业发展短板,加大对新材料发展的支持力度,以使其在应用急需的关键材料领域有所突破。

3. 加快建设数据系统,实现数据集成共享

与会专家们一致认为,要支持行业协会、科研机构、企业等联合建设包括分行业材料数据、材料性能标准数据、待突破关键材料紧缺目录等内容的材料数据系统,不断提升行业数据集成和共享水平。通过分行业材料数据掌握我国各行业产业链条上材料的发展情况,对标国际找出自身的优劣势以及该材料最新的进展,找出我国新材料领域的短板和空白。通过材料性能标准数据库统计各种材料的性能和标准,在客户和材料供应商之间建立广泛的联系,同时便于发现潜在的替代材料。制定待突破关键材料紧缺目录,以服务产业发展为出发点,明确待突破关键材料的性能要求,鼓励相关研究人员合力攻关,填补国内关键材料空白。

4. 加强知识产权保护,提高新材料国际话语权

专家钱锋认为,要加强新材料技术的前瞻布局,增强国际化的研发保护能力,提高新材料产业的国际话语权。针对当前新材料技术研发周期长、更新迭代快、多领域融合等特点,从战略高度重视和研究新材料产业的知识产权体系,加强我国企业在国内与国际的专利布局,逐步形成具有自主知识产

权的材料牌号与体系。针对最新发现的石墨烯、黑磷等新材料,应加强相关行业标准制定,明确相关材料分类、术语、方法等国家/行业标准,积极争创世界标准,抢占该领域的国际话语权。加强国际合作与交流,在不涉及国家核心利益的前提下,推动我国具有一定领先水平的新材料技术走出国门,参与全球范围内的技术交易,增强我国新材料技术的国际影响力。

执笔整理:上海市人民政府发展研究中心　向明勋

上海对外经贸大学　戴宁宁

融合创新发展，智能引领未来

——2019 新能源及智能网联汽车创新峰会综述

2019 年 9 月 18 日，由工业和信息化部装备工业司、上海市经济和信息化委员会和上海新能源汽车推进办公室指导，中国国际工业博览会组委会主办，上海工业商务展览有限公司承办的 2019 新能源及智能网联汽车创新峰会顺利举办。大会主题为"新生态新动能"，来自各单位的领导、专家共同交流了新能源和智能汽车产业的发展趋势。

一、当前中国新能源汽车正在进入向高质量发展的 2.0 时代

1. 汽车行业正处于技术变革、产业升级的战略机遇期

过去 20 年来，中国汽车产业高速发展，产销量连续十年位居全球第一。与会专家一致认为，未来中国汽车产业已经不能再延续过去发展的模式，特别是在新一轮的技术革命和产业变革时代到来的今天，汽车产业升级已经成为时代的必然。在此推动下，汽车产业的能源动力、生产运行、消费方式等都将全面重塑。截至 2018 年底，全球新能源汽车销售累计突破 550 万

辆,中国占比超过53%,中国为全球的节能减碳、应对气候变化做出了新的贡献。

　　汽车行业有这样的发展,离不开国家政策对产业的大力支持,2018年12月,工信部发布了《车联网(智能网联汽车)产业发展行动计划》,目前,工信部也正加快推进《新能源汽车产业发展规划(2021—2035年)》的编制工作。汽车产业的发展正在面临着重大的、结构性的变化,这场百年未遇的大变革,不仅赋予了全球汽车产业发展新的动能,也带来了重塑世界汽车能源格局、应对全球气候变化和实现汽车产业可持续发展的历史性机遇。汽车行业的转型升级、产业环境的持续改善已经成为全行业的共识,新能源汽车作为科技创新和产业升级的标志性产品,作为跨界融合的关键节点,迎来了一个全新的发展时代。

　　2. 电动化、智能化、网联化、共享化已经成为汽车行业公认的产业发展趋势

　　与会专家一致认为,新能源及智能网联汽车正通过电动化、智能化、网联化、共享化这"四化"来促进新产业的发展。"四化"为汽车行业带来巨大的冲击,促进了整个生态系统及产业链的重塑。其中,新能源汽车代表了"电动化",智能网联汽车代表了"智能化 + 网联化",成为汽车产业"四化"发展的重要载体。这一轮汽车产业的重大变革,不是简单地将汽车动力系统由传统内燃机转变成电动,而是要将电动化与新能源相结合,与车联网及智能驾驶相结合。可以说,"电动化"是基础,"智能化 + 网联化"是关键条件,而"共享化"是汽车出行的大趋势。在新能源汽车方面,中国的新能源汽车保有量在全球占比近50%,稳居世界第一。与此同时,在"四化"成为汽车行业发展大趋势之际,传统汽车企业的造车新势力必须加快在全新的汽车产业链上的布局。

　　3. "新能源 + 智能网联"汽车是未来发展的战略方向

　　在刚刚过去的2018年,全球汽车市场遭逢寒冬,特别是国内传统的燃油车销量出现了几十年来的首次负增长,无论是从市场到战略,还是从产品到技术都成为整个汽车产业的热点话题。而另一方面,在汽车市场的寒冬季,新能源汽车销量却一枝独秀,达到了历史上的新高,其成长毋庸置疑,不

仅给汽车行业增添了一抹亮丽的景色，更是清晰地指明了汽车行业变革的战略方向。中国新能源汽车正在进入向高质量发展的 2.0 时代，其最重要的特征就是电动化与智能网联化的相互融合。电动化与智能网联化是汽车革命最重要的两极，大战略下的绿色发展、智能引领，是未来满足行业需求的重要组成部分，全面新能源化与智能网联化融合发展的双轮驱动时代，正在加速到来。电动化与智能网联化天生就是可以互相融合的，尤其是在技术上的互相融合、互相补充，它们并不是两条平行的道路。从中国整个宏观经济层面来看，发展新能源汽车和智能网联汽车是拉动相关产业链发展、实现转型升级的重要路径。一方面，继续深化电动力对传统燃油动力的替代；另一方面，大力推进智能网联化赋能，以全车丰富的电子元器件来实现整车的感知、通讯、计算、执行、控制和交互，让电动为智能网联提供便利，让智能网联为电动拓展空间。

4. 技术创新是汽车转型升级的关键

北汽福田专家魏长河指出，新能源汽车技术路线的发展有以下三个阶段：第一阶段还是电动汽车，这并不是真正的新能源汽车；第二阶段，新能源电动汽车就成为真正的新能源汽车了；第三阶段是新能源智能化电动汽车，也是电动汽车全方位革命后最终的完成阶段。充分释放未来新能源汽车造福社会的潜能，很大程度上依赖智能化、网联化和共享化的创新。要把电动汽车升级转型为"功能强大的移动智能平台"，对于传统汽车企业而言是个巨大挑战。只有在造车新势力和跨界技术的参与下重新定义未来的汽车，才能确保电动化汽车朝着智能化、网联化的方向升级，从而更精准地与未来对接。电动化与智能网联化正在引领汽车产业的高质量发展的转型升级，其最关键的一环就是技术创新。今后两年是我国新能源汽车产业从政策驱动向市场驱动过渡的攻坚时期。国家出台完善配套产业政策是一个重要方面，更重要的是，要依靠技术创新，不断巩固和提升我国新能源汽车产业的核心竞争力。加快推动汽车产业改造升级，促进汽车产业与互联网、信息通信和人工智能等新兴产业的深度融合，同时开展智能汽车的示范运行、系统验证"人—车—路—云"协同体系，探索设立智能汽车全生命周期的数据安全管理系统，为未来智能汽车在安全运行及交通管理等应用服务方面提供技术支撑。

5. "车—路—网"协同是上海汽车需要重点突破的方向

与会专家们一致认为,未来的智能网联汽车一定是人、车、路协同发展的。从整个交通系统来看,在过去几年里,车联网、人工智能、高精地图、图像识别、大数据和云计算等与智能交通建设息息相关的关键核心技术都取得了一定的进步,对我国智能交通的发展起到了极为重要的推动作用。车联网的突破,可以实现车内、车与车、车与路、车与人、车与云服务平台的全面网络框架,大大提升了汽车的智能化。"车—路—网"协同将是上海汽车未来重点攻关的方向,也是一个系统的提升工程,而在这个过程当中,各方都应当明确分工,才能保证更加高效地推进产业的发展。在智能网联汽车发展的初期,产业的边界变得相对模糊,所以企业间的协同与合作显得至关重要。新能源汽车是智能交通、智慧城市的基本单元,它将绿色能源、智能网联、新一代信息通讯和共享出行链接在了一起,从而推动整个汽车行业的革命、能源的革命、信息的革命和消费的革命,很大程度上将破解城市交通、能源、环保等痛点和难点问题。以新能源汽车为最佳载体,智能网联和自动驾驶的核心技术正推动汽车产业向安全、便捷、绿色和高效的方向全面发展,最终将实现车、网、路的互联。

二、发展新能源汽车和智能网联汽车,是中国汽车产业从汽车大国走向汽车强国的重大机遇

1. 产业融合,技术创新——打造新能源及智能网联汽车的中国方案

东浩兰生集团领导宁风指出,跨界融合,正在成为我国新能源及智能网联汽车转型升级的重要路径,因此,新能源及智能网联汽车具有明显的产业融合的特点,需要产学研相结合。对中国的大型车企而言,要想抓住智能网联汽车的机遇,技术创新是汽车转型升级的关键。企业必须根据自身的创新需求向外部寻找各类创新资源,并且抱着开放的心态与不同领域及行业的企业协同合作。在新能源及智能网联汽车发展的过程中,要根据中国的场景制定中国方案。第一,要符合中国基础设施标准。未来的汽车,是在中国的地理环境、信息基础设施及交通基础设施下行使,所以相关基础设施要

符合中国基础设施标准;第二,要符合中国联网运营标准。未来中国的汽车是网联式的,各方相连之后,需要有运营系统,需要具有本地属性,要以国内作为发展重点;第三,符合中国新架构汽车产品标准。包括符合中国标准的通信系统、智能终端、云平台和自动驾驶系统等新架构汽车产品标准。产业融合是新能源及智能网联汽车的发展方向,各相关行业在其中扮演着不同的角色,新一轮的产业结构也将随之发生。电子信息技术、网络通信技术和汽车制造技术融合、系统发展,加强跨行业之间的交流与合作,突破关键核心技术,夯实产业基础,推动形成深度融合、安全可信、创新活跃、竞争力强的车联网产业新生态。

2. 上海从政策到技术全面发力,支持新能源及智能网联汽车快速发展,落地示范应用

与会专家们一致认为,当前全球汽车产业正在进入一个创新变革的时代,传统的汽车产业面临深刻调整,产业的跨界融合也在不断深化,以电动化、智能化、网联化、共享化为特征的新一代汽车产业正在加快发展。上海作为国家重要的汽车产业基地,高度重视汽车产业的发展。2018 年,上海本地汽车产量接近 300 万辆,占全国汽车产量的 10%。汽车工业总产值接近7 000 亿元,占上海工业总产值的 20%。近年来,上海按照国家汽车产业中长期发展规划,将新能源及智能网联汽车作为突破口,来推动上海整个汽车产业的转型升级和高质量发展。第一,上海新能源汽车无论是在产业规模还是应用领域方面,都走在了全国的前列。产业规模方面,2018 年,上海全市新能源汽车制造业产值达 259 亿元;2019 年 1—7 月,在汽车行业整体下行的环境下,上海实现了 4.7% 的增长,为诠释汽车工业稳增长发挥了应有的作用。在构建新能源汽车产业链方面,上海集聚培育了一批以上汽为代表的主题厂及一大批新能源汽车关键零部件企业。上海坚持新能源汽车三条技术路线协同发展,推出了多款新能源车型来满足市场的需求,同时加快关键核心零部件产业化的工作。另外,上海也积极推动了各项新能源汽车重大项目的落地,如年初美国特斯拉公司在上海临港的落地。此外,上海也受到了新造车势力的偏好,各新造车势力企业纷纷在上海落地。在新能源汽车的应用推广方面,上海呈现出开放和包容的特性。目前,在上海推广应

用的各种车型达 28.4 万辆。另外,为了给新能源汽车提供更好的发展环境,上海还加强了充电桩和充电站的投资。第二,上海高度重视多产业融合下的智能网联汽车的发展,推进各项技术研发,不断完善整个汽车产业发展的环境。去年 3 月,上海率先开展了智能网联汽车开放道路的测试;今年 9 月,新修订的管理办法允许相关汽车企业开展载人、载货的开放道路测试,这是一个较大的进步。在相关测试场景方面,除了开放道路之外,上海还陆续开放了工业园区、商区园区、停车库、港口、码头等特定应用环境,为车企提供更多的测试环境。在与长三角一体化协同智能网联汽车发展方面,上海立足推动测试场景的互补、测试结果的互认、测试牌照的互通。未来,上海还将不断完善标准体系,突破城市快速路、高架等开放测试场景、落地示范应用,积极建设全市智能网联汽车公共服务平台,牵头建立全市统一的跨区协作合作机制。

执笔整理:上海市人民政府发展研究中心　向明勋

上海对外经贸大学　戴宁宁

数字化变革中的质量文化与管理创新

——2019 质量创新论坛综述

2019 年 9 月 18 日，第 21 届中国国际工业博览会质量创新论坛在上海举行，本次论坛主题为"数字化变革中的质量文化与管理创新"，汇集了来自国内外质量领域的知名专家和企业界的杰出代表，论坛就如何在大数据时代进一步提升质量管理开展了深入探讨交流。

一、数字化变革是时代发展潮流

上海市质量协会会长、上海申通地铁集团有限公司董事长俞光耀先生指出，当今世界大数据、云计算、人工智能等信息技术日新月异，数字化、网络化、智能化深入发展，在推动经济社会发展，促进国家治理体系和治理能力现代化，满足人民日益增长的美好生活需要方面发挥了越来越重要的作用。可以说世界正进入人类历史上前所未有的数字化时代。

身处新一轮科技和产业革命中的我们需要深刻思考，主动转型，唯有同时在思想和行动上做好准备，才能迎接各种挑战，顺应时代的发展潮流。日新月异的数字技术不仅改变了传统的产业生态和商业模式,更是颠覆了产品的质量功能,改写了人们对质量的认识和定义。这就要求质量工作者要审时度势、超前布局、力争主动,推动质量管理创新,更好地服务我国经济社会高质量发展,为人民创造高品质的生活。

二、数据是未来世界上最宝贵的资产

上海市市场监督管理局巡视员沈伟民先生指出,控制了数据的人不仅控制了世界未来,也控制了生命的未来,因为数据会是未来世界上最宝贵的资产,谁能在大数据中发现更加有用的数据,谁就获得了更好满足消费者需求的资源。质量是企业的追求和消费者的需求,更是政府的要求,数字化技术为质量的提升提供了丰富的数据资源的同时,也使得我们的企业、社会和政治更加紧密联系起来。未来质量的提升更需要各方的共同努力。

三、数据作为一种产品同样需要质量治理

同济大学经济管理学院尤建新教授认为,大数据时代,每个人都是数据的贡献者。但是数据作为一种产品还未能被精准地定义,因此我们的数据质量治理体系是滞后的。一是数据保护和隐私保护法律缺失,例如在华为手机上使用微信,那么这个数据产品到底是属于用户,还是属于腾讯,还是属于华为? 二是数据垄断的风险。大数据可以预测未来市场发展的方向和动态,可以发现新的消费需求空间,但是如果数据不充分或者存在瑕疵,那么最后结果就会出现偏差,就会误导投资和产品研发。数据垄断者可以通过清洗、加工以及传输障碍等来降低传输数据的质量。由此它既可以满足政府的公开要求,同时也可以通过数据当中的瑕疵来打击竞争对手。

我们必须要创新管理,以跟上低碳、人工智能的发展要求,当前从政府层面上来看,出现了知识断片、法律和制度的盲区,从科研院所来看,在科研方面严重滞后于实践。所以当务之急就是要研究和构建数据质量治理体系,学习借鉴人家已经有的成果,然后在顶层设计和布局的基础上,来推进在大数据研究中的数据质量体系研究和新的市场形成,从而让数据成为资源,成为新市场基础设施的重要构成。

四、数字化驱动支付未来

汇付天下有限公司助理总裁汤伟先生认为,数字化就是借助新的科技、新的技术去尽可能减少人工的干预,而让业务和技术、业务和数据更直接地,更有效率地去互动,通过这样的方式,提升企业经营管理的效率和质量,降低成本、提高用户体验。不仅如此,它还可以催生出很多新的服务。比如滴滴,以往只有出租车的模式,通过一家公司来运营提供出行服务。大家很难想象一个不认识的陌生人,可以通过一个系统来建立起一种信任完成出行服务。比如盒马生鲜,也成为零售业的一种全新业态。

1. 数字化的实践做法

汇付作为一家支付公司,一直致力于思考如何基于海量的交易规模,不断地提升和优化质量、效率。主要有如下几种做法:

(1)搭建技术开放平台(TOP)。这个技术开放平台就是让所有的业务部门都可以做到极简的配置,它不用去担心后台的研发、系统、接口能否支撑,只需要对接这样一个技术开放平台。

(2)搭建共享服务平台(SSP)。就是把整个公司的运营、风控、客服等所有涉及对外服务的体系,整合成一个共享服务平台,透过这个平台来为所有的客户提供一个非常便捷的直接的服务,业务量可以增加几十倍甚至上百倍。

(3)搭建数据分析平台(DAP)。数据越来越重要,所以如何去掌握这些数据和用好这些数据对一家公司来讲尤为重要,对一家科技型的公司更加重要。所以汇付透过这样一个 DAP 的平台为所有业务去提供数据分析和支撑。

2. 数字化带来显著效果

通过这三个平台,业务团队对于变化的市场可以保持高度敏感,第一时间去应对问题,从卓越走向更加卓越。它带来的效果是显著的,汇付的平均交易时长大概只有 2 秒钟;资金的结算实现了实时结算,商户审核时间通过互联网识别技术,从一天缩短到一分钟;风险损失率缩减到万分之 0.026。

数字化不仅仅提升了支付行业自身,还更好地赋能客户。如新零售的小微商户,目前在这个领域汇付服务的全国商户超过了830万家。很多小餐厅、咖啡馆、奶茶铺等小微企业的业主,在整个国家、社会当中是非常具有创新活力的个体,但是在以往,他们往往是最不被人重视的群体。那么汇付做了什么呢?汇付把整个支付、账户和系统的能力,整合成结合方案,叫智慧管家,为很多小商户提供了一套低成本、高效能的专业服务。现在很多小商店、小餐馆使用的系统,它智能化的程度、先进程度,并不亚于大公司、大企业所用的系统。而美国还停留在刷卡和现金支付的水平。

数字化不仅仅给予我们提升质量和效率的工具、能力,更给予我们去拥抱时代变革的自信和勇气。

执笔整理:上海市人民政府发展研究中心 吴苏贵、李银雪

数字化转型赋能高质量发展

——第三届工业互联网＋全面质量管理国际论坛综述

2019 年 9 月 20 日，上海质量管理科学研究院顺利举办了第三届工业互联网＋全面质量管理国际论坛，上海市经济和信息化委员会、上海市市场监督管理局作为指导单位。围绕数字经济时代高质量发展主题，论坛邀请了国内外嘉宾就数字化转型促进高质量发展、企业数字化转型架构、工业互联网赋能高质量发展、数字经济时代质量管理新发展等专题发表了精彩主题演讲。

一、数字化时代对高质量发展的重新认识

1. 高质量发展需把握四个重点

国家市场监督管理总局发展研究中心副主任姚雷指出，高质量发展要把握四个重点，一是国际竞争力不断增强，要从产业链的角度努力从中低端往中高端走；二是产品和服务质量不断提高，要让老百姓有获得感，要让企业得到实实在在的好处；三是产业结构持续优化，要从粗放式到精细化，且

战略性新兴产业占比要提升；四是产业结构持续优化，要逐步向环保、可持续的生产方式转型和发展。

2. 高质量发展需实现三个变革

上海质量管理科学研究院副院长王金德提出了数字经济时代全面质量管理的新含义，也可称为"互联网＋全面质量管理"。高质量发展需要三个方面的变革，即质量变革、效率变革、动力变革。这三个变革要实现全要素、数据、技术、业务流程和组织结构缺一不可。要实现数字转型，第一要转换，从传统信息技术承载的数字转变成新一代的数字，实现包括 ERP 的技术升级；第二要融合，从实体过程转化成信息系统中的过程就是数字孪生；第三要重构，在新时代加快变革和重构传统业态下的设计、生产、研发整个过程，最后实现可持续。

3. 两化融合与高质量发展

国家两化融合标准技术委员会副秘书长、中国企业联合会企业创新工作部副主任张文彬介绍了我国两化融合的基本趋势和特征，内部融合综合集成数字化转型的价值，两化融合在区域范围形成不同模式、不同行业之间形成不同架构，云平台成了切入点，基于云化以后所带来的新业态、新模式、新业务。上海质量管理科学研究院副院长王金德提出，从两化融合实践来看，企业的数字化转型存在两大难点，一是设备互联，现在中国有各种各样的设备，最难是 OT 的互联；二是如何打通从研发、制造、生产到营销的整个过程。

二、数字化转型对企业、产业、社会的深刻影响

1. 数字化转型助力企业架构的转型优化

国际架构师协会 CEO 克里斯·福特先生介绍了 The Open Group 的基本情况及标准架构，提出 IT（信息技术）和 OT（运营技术）要融合转型，通过敏捷化转型助力实现数字化转型。一方面是面向业务创新和数字化转型的敏捷架构，包括警觉、可获取、果断决策、迅速、灵活这五个核心维度；另一方面是促进数字化转型的七个杠杆，包括客户参与和体验、产品和服务数字化、IT 交付、组织文化、战略、整个生态系统和商业模型。中科院上海高等研

究院智慧城市研究中心主任宁德军教授提出了企业做智能化转型过程中需遵循的三大定律,分别是先人类智慧再人工智能;人工智能需要物联感知、数据智能、内容服务;智能化核心是基于三元世界流动数据加上智能算法。

2. 数字化转型推动产业转型升级

日本庆应义塾大学古谷知之教授介绍了数字化转型对日本制造业的深远影响,其中制造业数字化转型的核心要点在于提高产品竞争力,涵盖供应链、需求链等各环节,通过提高质量水平降低成本、实现更好地交付,提升服务水平。他重点剖析了汽车行业数字化转型的情况,在传统零售业务滞缓的背景下,越来越多车企运用 IOT 技术、AI 技术、大数据技术等提升汽车的软件功能,并重视提供个性化服务来满足客户各类需求。

3. 数字化转型为解决社会问题提供新思路

日本庆应义塾大学古谷知之教授也指出,数字化技术应成为解决类似交通、医疗、养老等方面社会问题的基础。他还介绍了当前日本政府正在推进的社会 5.0 策略,即通过物联网把所有人连接在一起,从而产生新的价值;通过创新满足各种需求的社会;通过使用人工智能技术,在必要的时间向社会提供必要的信息;通过使用机器人、自动驾驶技术,进一步扩大社会各种的可能性。

三、工业互联网赋能高质量发展

1. 工业互联网对高质量发展的重要意义

上海市经济和信息化委员会信息化推进处副处长山栋明结合上海作为工业城市的现实情况,重点论述了工业互联网赋能经济高质量发展,打造数字经济新跑道的前景。一是工业互联网的实施通过横向到边、纵向到底变成乘法。工业互联网的一点采用会带动多点联动,一家企业的应用会带动这家企业上下产业链的联动;二是从互联变融合。消费互联网时代更多讲究先连起来互联,工业互联网下一步要关注融合,讲究整体思维;三是要把数据变成知识。没有知识内涵的数据是负资产,如何造就知识资产,这是工业互联网高质量发展的核心和使命。在工业互联网架构下,知识才是高质量发展的灵魂。同时,他指出工业互联网促进高质量发展必须有三方面基础和保障,分别是新技术的导入、新主体的涌现、能够适应工业互联网架构的人才。

2. 工业互联网与高质量发展之间的因果关联

上海电器科学研究所(集团)有限公司副总裁吴小东介绍了工业互联网和高质量发展之间的因果关系,通过设备跨时空的连接,可以做到实时管控更大范围;通过数据全面采集、处理和追溯,能够把准确可靠的数据用于产品模型、业务模型和市场预测,支持企业各类运算和决策;通过数据在工业互联网当中的自动流动,让正确的数据在正确的时间给到正确的人和机器,让事情一次性做到最优。而正是因为这样的因果关系,工业互联网可以支撑各个行业高质量的发展,从而产出高质量的产品,实现更高客户满意度的服务以及高额的市场回报。与此同时,他总结道:工业互联网处在产业格局未定的关键期、规模化扩张的窗口期以及抢占主导权的机遇期,会深刻变革传统行业的创新、生产、管理、服务方式,催生新技术、新模式、新业态和新产业;工业互联网所带来的数字化、网络化、智能化转型,必将促进电机、电器、交通等行业在设计、生产、应用环节的质量提升,也必将推动各个行业经济高质量发展。

3. 工业互联网与高质量发展相辅相成

上海质量管理科学研究院副院长王金德梳理了工业互联网的发展脉络,指出工业互联网从制造机械化的1.0、2.0、3.0到现在的数字经济时代,主要特征就是融合。质量管理对整个工业发展做出了很大的推进作用,与此同时也加快了质量发展进程、提高质量发展效率。

4. 工业互联网助力高质量发展所面临的挑战

国家工业信息安全发展研究中心、工业互联网安全研究所研究部主任王冲华博士介绍了工业互联网平台可能面临的一些安全问题,包括贯穿于边缘层、工业IaaS、PaaS、SaaS四个层次的数据安全风险,以及如何通过制定政策标准、管理机制等应对这些安全挑战和风险。所面临的挑战主要包括大多数平台重视设备互联而忽略业务需求,重视技术实现而忽略企业同步开展的企业管理,重视当下需求而忽略未来需求,项目团队开始实施的时候没有最高层的参与,项目团队只有IT人员、没有涵盖其他管理OT人员,项目实施只考虑应用而忽略科学研究,没有总结出一套新模式等问题。

四、数字经济时代实现高质量发展的对策建议

1. 发挥工业互联网与大数据关键作用

上海市经济和信息化委员会信息化推进处副处长山栋明提出工业互联网和高质量发展的转化路径,即工业物联、工业数联、工业智联。工业物联的目的是打造工业数字孪生的产线,需要指引引导;工业数联要解决大数据问题,要做高质量的数据集;工业智联要构建基于工业机理的算法模型。美国质量协会专家吉姆·杜瓦迪从数据管理科学角度出发,提出要构建分门别类的四类数据科学家进行数据处理、质量管理,分别是技术计算机型、统计学家型或者高级分析师型、应用分析或业务分析师型,以及形成报告的守门员科学家。

2. 发挥企业主观能动性

国家市场监督管理总局发展研究中心副主任姚雷提出,推动质量服务机构市场化发展,要培育以企业为龙头的产业联盟第三方主体。日本庆应义塾大学古谷知之教授提出,要解决生产上游和下游如何通过数字化转型实现更大价值创造的问题,企业需要在附加值比较高的部分首先实行数字化,从而提升企业的盈利性。同时,企业需要考虑通过数字化转型是否能够创造出更多的业务模型。举例来说,中小型企业要实现数字化转型可以从小的地方改善,逐渐实现数字化转型,对于供应链可以使用现有的基础设施,在公司内部从供应链环节首先实现数字化。

3. 发挥人、设备与物的系统性整体作用

上海质量管理科学研究院副院长王金德指出,工业互联网最大的核心是人、设备与物的连接。首先从战略目标来看,质量目标一定要包括产品质量、风险管理、安全保障、供应商质量、自动化设备是否合规;其次是战略实施,基于人与人的互联网系统和设备物互联系统的打造,核心是体系,组织建立方针和目标以及实现这些目标的相互关联和相互作用的一组要素,包括架构、岗位、运行、方针、惯例、理念、目标以及实现这些目标的过程。中科院上海高等研究院智慧城市研究中心主任宁德军教授也强调,企业在做智

能化转型过程中要遵循基本规律，例如不仅要先人类智慧再人工智能，还要符合经济规律；同时，不要过分依赖人工智能，要善于利用人工智能，可以考虑从产品端切入、生产端切入、平台端切入。

执笔整理：上海市人民政府发展研究中心　余艺贝

经济全球化与 WTO 改革方向

——"WTO 改革与经济全球化新趋势"主题研讨会综述

2019 年 9 月 12 日,由中国国际工业博览会组委会主办、上海市 WTO 事务咨询中心承办的"WTO 改革与经济全球化新趋势"主题研讨会在上海虹桥迎宾馆举行。来自世界经济论坛、世界贸易组织等国际机构及国际贸易、发展和经济治理咨询中心、金和斯伯丁律所、清华大学、复旦大学等高校、研究机构的专家学者围绕世界经济"再平衡"下的 WTO 改革问题进行了深入交流和探讨。

一、伴随着经济全球化与世界经济再平衡,WTO 正面临前所未有的危机

1. 贸易保护主义滋生并不断蔓延,WTO 多边贸易体制正处于倾覆的边缘

与会专家一致认为中美贸易争端正在向"技术战""规则战""金融战"等领域蔓延,但 WTO 至今没有提出切实的应对方案。清华大学教授杨国华、

复旦大学教授龚柏华等指出，WTO争端解决机制接近停摆，其合法性已经存在问题。本届WTO上诉机构亟须任命新成员，但由于美国政府以部分成员在案件裁决中越权为由，反对所有新的任命，导致上诉机构目前只有2位成员，年底仅剩1位，将使得WTO上诉机构彻底瘫痪。

2. 世界经济再平衡将扰乱全球价值链贸易格局，引发全球经贸规则重构

与会专家一致认为，美国减税、加息、缩表等一系列全球收缩策略及中美大规模贸易摩擦，都标志着全球经济进入再平衡阶段，预示着全球各大经济体间的经贸关系需要进行结构性调整。与此同时，这也意味着以美国为代表的发达国家经济体将开启以政府主导的、以调整甚至重塑全球价值链为目标的本土主义模式，这引发全球经贸规则的重构。比如美国现在采取以美国优先为原则的单边协调主义措施，谋求通过对等公平的贸易方式调整上一轮全球价值链所导致的全球经济失衡，实现再平衡。

3. 3D打印等数字技术推动全球价值链重构，现有WTO难以适应这种趋势

复旦大学教授程大中和副教授肖志国、上海图书馆研究员陶翔等指出，当下产业分工越来越细，尤其是居于价值链核心环节的关键技术，如高性能发动机、纳米机器人等创新性产业，其入门槛越来越高，使得发展中国家企业陷入"低端锁定"模式。此外，随着人工智能和机器人等新技术的大规模广泛运用，原来发展中国家低成本的劳动力优势已经不在。未来全球化将更加强调互联互通，电子商务等新兴贸易业态正在快速发展，城市逐渐代替国家成为世界舞台的主要角色。面对这些新趋势，WTO变得无所适从。

二、WTO内外交困，现代化改革停滞不前

1. WTO成员方之间存在利益的巨大结构性差异

许多与会专家都认为，WTO成员方因发展水平不同而存在巨大利益差异，使得很多议题被搁置。这一差异不仅存在于发展中国家成员和发达成员国家之间，也同样存在于发达国家成员内部和发展中国家成员内部。比如，一些发达国家成员认为现有议题已经跟不上经济全球化发展的步伐，应

该增设新议题,而发展中成员则认为只有优先解决与其利益相关的议题才能考虑新议题。同样,正是基于自身利益的考量,作为 WTO 主导者的美国认为目前自身利益受损,不愿意继续充当领导者角色,导致 WTO 改革缺失领导力。

2. WTO 体制机制运行不畅

与会专家一致认为,由于 WTO 采取"一揽子协议"的谈判方式,并遵循协商一致的基本原则,在成员分歧较大的情况下,必然导致谈判的低效和僵局。WTO 前贸易政策审议司和农业司司长克莱门斯·布南坎普、清华大学教授杨国华、复旦大学教授龚柏华指出,除了争端解决机制因上诉机构成员遴选受阻而运行不畅外,WTO 目前在透明度和通报方面也存在问题,迟通报甚至不通报的现象比较严重。

3. 贸易新业态使得贸易政策问题越来越复杂

WTO 前服务和投资司司长阿卜杜勒·哈米德·马杜赫、世界经济论坛国家贸易投资主管肖恩·多赫蒂都提到,跨境电子商务等贸易新业态的相关贸易规则制定非常重要,需要贸易谈判者、贸易政策制定者以及非贸易领域的一些机构如知识产权机构等共同讨论,尤其是数字化产品交易,完全是无形的线上传输,使得相关国际规则制定举步维艰。另外,许多与会专家认为在多哈回合受阻情况下,区域优惠贸易协定的大量出现并达成更深入的市场准入和更高水平的贸易自由化结果,进一步削弱了成员方对多哈回合的信心,同时也使得国际贸易规则面临"碎片化"风险,国际贸易环境更趋复杂。

三、WTO 改革应以协商为基础,构建多边开放的贸易规则体系

尽管 WTO 目前遇到挫折,但是与会专家一致认为,WTO 的国际地位不可动摇,但是需要根据国际贸易最新发展情况不断进行完善。未来,WTO 改革主要包括以下几个方面:

一是短期聚焦于完善内部运行机制。清华大学教授杨国华、复旦大学教授龚柏华认为最为紧要的是解决当下面临的上诉机构危机,可以将《关于争端解决规则和程序的谅解备忘录》第 25 条仲裁作为解决成员间贸易争端

的替代性机制。瑞士日内瓦莱科执行中心主任卢先堃等提出,需要加强定期通报等透明机制和日常机构监督机制,保障 WTO 各项政策落到实处,可以采取欧盟提案中提到的对不通报行为进行惩罚的建议,比如一旦不通报即可被视为存在补贴的"有罪推定"等。

二是中期应聚焦于解锁 WTO 的谈判功能。WTO 前服务和投资司司长阿卜杜勒·哈米德·马杜赫、瑞士日内瓦莱科执行中心主任卢先堃、WTO 前贸易政策审议司和农业司司长克莱门斯·布南坎普都认为,解锁谈判功能除了关于市场准入的谈判外,更应在成员国间建立起信任和信心。此外,还应增加谈判方式的灵活性和弹性,可以采取部分成员在一些议题上率先谈判、先行先试,然后将谈判结果逐渐适用于所有成员。同时,也要防止滥用"协商一致"和"一揽子通过"原则来阻挠启动一些新议题的谈判等。对于跨境电子商务等贸易新业态,谈判应该是开放性的,可以是桌边谈判,但需要确保整个协议遵循非歧视性等基本原则。

三是长期聚焦于成员间的利益平衡。复旦大学教授程大中等认为,WTO 机制改革需要在最终目标上缓解经济大分流,只有确保更多国家能够从经济全球化中获得好处,才能重拾各成员国对 WTO 的信心,也将有利于 WTO 改革的顺利推进。可以通过帮助发展中国家开放市场,同时将发达国家在高科技、研发等领域的优势通过多边渠道向发展中国家进行有限渗透,帮助其实现价值链的攀升,同时有效解决经济全球化失衡问题,最终弱化经济分流,也为 WTO 多边贸易体制建立一个坚固的产业基础。

四是 WTO 多边体制机制设置应更具包容性。上海 WTO 事务咨询中心理事长王新奎等认为,WTO 应该既能包容资本主义私有市场经济体制,也能包容中国社会主义市场经济体制。WTO 不仅需要关注国际贸易的经济问题,更应该注重国际贸易的社会效应,比如生物多样性保护、生态环境保护等。

四、中国应积极参与 WTO 改革,发挥应有作用

清华大学教授杨国华等认为,一定程度上讲,WTO 对我国的重要性大于对其他成员的重要性。WTO 多边贸易体系对中国未来发展仍然不可或

缺。与会多数专家认为,目前我国已经是 WTO 成员中的第二大经济体,我国的战略选择不仅关系到自身利益的维护,也直接事关 WTO 未来改革进程。

一是以合作和包容态度积极参与 WTO 改革。清华大学教授杨国华等提出,针对美日欧的 WTO 改革提案,我国应该采取积极反馈、合作谈判的态度。同时我国也应该立足东亚区域价值链,尽快加入 CPTPP,一方面可以表明我国的态度——我们愿意加入、推动一套更加先进的符合时代、与时俱进的多边贸易规则;另一方面,通过加入 CPTPP,可以间接影响 WTO 的改革,促进多边贸易体制的发展。针对跨境电子商务的新兴贸易业态,可以借助自贸试验区进行先行先试,通过高标准的压力测试来为后续谈判提供支持。

二是加快推进国内改革,增加谈判筹码。瑞士日内瓦莱科执行中心主任卢先堃、复旦大学副教授肖志国等指出,目前国际规则谈判已经从边界措施逐步转向边境后措施,如国有企业改革等领域转移。针对美欧日提出“非市场经济国家”,以及我国现实存在的很多不符合市场经济的做法如出口补贴等,我国可以在国有企业改革、信息自由流动等方面主动提出解决方案。此外,我国还应该提升自身在区块链、物联网等数字技术的研发水平和应用能力,以适应数字贸易的快速发展。

三是主动承担与自身实力相匹配的国际责任,发挥领导作用。瑞士日内瓦莱科执行中心主任卢先堃等认为,针对发展中国家认定的问题,我国应该尽量避免意识形态形式的政治讨论。除了在政治上全面声明我国是发展中国家外,同时也需要在部分领域做出更为积极的承诺,比如在一些国际领先的工业领域,考虑放弃特殊差别待遇等。另外,随着中国经济实力不断上升,国际影响力空前增强,我国应主动发挥与经济实力、国际地位相匹配的领导作用,一定程度上考虑如何承担更大的国际责任。

执笔整理:上海市人民政府发展研究中心　李锋、张鹏飞

后 记

　　第 21 届中国国际工业博览会论坛作为中国国际工业博览会的重要活动之一,于 2019 年 9 月在上海成功举办。本届论坛紧扣"智能、互联——赋能产业新发展"主题,分部市论坛、发展论坛、科技论坛、行业与企业论坛四大板块。

　　本书是工博会论坛演讲辑选系列的第十本,汇集了第 21 届论坛具有代表性的嘉宾演讲内容。同时延续上一届工博会论坛演讲辑选做法,增辑了相关重点活动观点综述,以帮助读者更好地了解工博会论坛嘉宾演讲核心观点。

　　本书的编辑出版得到了中国国际工业博览会组委会办公室、上海市人民政府发展研究中心、上海远东出版社的大力支持。感谢论坛承办单位上海市科学技术协会、东浩兰生(集团)、上海市质量管理科学研究院、上海市质量协会、上海 WTO 事务咨询中心等积极为本书组织稿源;感谢上海远东出版社李敏编辑为本书做了大量编辑整理工作。

　　由于编辑时间较紧,加之编者能力所限,书中难免有舛误与不足之处,敬请读者批评和指正。

中国国际工业博览会组委会论坛部

2020 年 7 月于上海